牦牛高效养殖技术

MAONIU GAOXIAO YANGZHI JISHU

王　源　等　编著

中国农业科学技术出版社

图书在版编目（CIP）数据

牦牛高效养殖技术/王源等编著. -- 北京：中国农业科学技术出版社，2024.8. -- ISBN 978-7-5116-6889-9

Ⅰ．S823.8

中国国家版本馆CIP数据核字第2024J8Y101号

责任编辑　张诗瑶
责任校对　李向荣
责任印制　姜义伟　王思文

出　版　者	中国农业科学技术出版社
	北京市中关村南大街12号　　邮编：100081
电　　　话	（010）82106625（编辑室）　　（010）82106624（发行部）
	（010）82109709（读者服务部）
网　　　址	https://castp.caas.cn
经　销　者	各地新华书店
印　刷　者	北京建宏印刷有限公司
开　　　本	185 mm×260 mm　1/16
印　　　张	6.5
字　　　数	135千字
版　　　次	2024年8月第1版　2024年8月第1次印刷
定　　　价	58.00元

◆版权所有·侵权必究◆

《牦牛高效养殖技术》
编著人员

主 编 著

  王　源（青海农牧科技职业学院）

  王　杰（青海农牧科技职业学院）

  曹振民（青海农牧科技职业学院）

副主编著

  毛玉平（青海农牧科技职业学院）

  文生萍（青海农牧科技职业学院）

  牛骁麟（青海农牧科技职业学院）

编 著 者

  黎晓磊（青海农牧科技职业学院）

  范忠原（青海农牧科技职业学院）

  景建武（青海省牦牛繁育推广服务中心）

  赵　琰（循化撒拉族自治县农业农村和科技局）

  贾玉刚（青海农牧科技职业学院）

前　言

据统计，全世界现有1 700多万头牦牛，90%以上主要分布在我国的青藏高原及其毗邻高山地区。牦牛被誉为"高原之舟"，具有肉用、役用、乳用等多种价值，其肉、乳等是具有半野生风味的天然食品，牧区人民群众的衣、食、住、行都与牦牛息息相关。牦牛是我国高寒民族地区的主要畜种和重要的生产资料，是青藏高原牧区不可替代的生物物种。目前，青海省是世界上牦牛和藏羊饲养量最多的地区，中国牦牛养殖行业主要集中于青海、四川、西藏、甘肃等地。青海省大通种牛场培育的"大通牦牛"是世界上人工培育的第一个牦牛新品种，2013年该牦牛品种获批中国国家地理标志产品。

截至2019年底，青海省存栏牦牛517万头，年出栏173万头，年产牦牛肉16.8万吨，通过有机认证的牦牛超过120万头，占牦牛总量的23%以上，成为全国最大的有机牦牛生产基地。截至2021年底，青海省年牦牛存栏量达614.58万头，全国占比37.57%。牦牛产业是青海藏区最具特色、最具潜力、最有发展前景的重点产业之一，也是青海藏区联农带农范围最广的支柱产业。牦牛产业集群区域覆盖范围内的6.22万户贫困户、18.20万人，将通过入股和就业等方式，结合合作社年底分红，实现脱贫增收致富。2020年5月，农业农村部、财政部公布首批批准建设的全国50个优势特色产业集群建设名单，青海牦牛产业集群位列其中。牦牛养殖业是高度适应高寒生态条件养殖模式，更是广大牧民世代经营并赖以生存和发展的基础产业。因此，牦牛作为一种自然资源、生态资源和经济资源在西部大开发和全面建设小康社会的战略进程中理应发挥更大的作用。

青海省牦牛主要分布在玉树、果洛、海南、海北、黄南等藏族自治州以"三江源"为中心辐射的周边草原牧区及半农半牧区。青海省是全国最大的牦牛种源基地和优质牦牛肉以及优质牦牛绒生产基地，也是我国最大的有机畜牧业生产基地。因此，发展牦牛产业，提高牦牛生产性能，改变牦牛饲养管理落后、商品率低的困境，使之转化为高效生态畜牧业，将对提高藏区牧民的生活水平、促进牦牛系列产品开发具有重要的意义。

由于特殊自然环境和生态条件，牦牛以自然放牧为主，与其他牛种相比，牦牛良种体系不健全、畜群结构不合理、管理方式粗放，致使部分地区表现出体格变小、体重下降、繁殖率低、死亡率高等问题，牦牛养殖中饲草料短缺、基础设施薄弱，这些因素制约着牦牛群体生产力水平的提高。如何改良牦牛品质，提高牦牛生产性能，节本降耗、提质增效，是牦牛产业化发展迫切需要解决的问题。

经过多年政策探索与实践，青海省发展牦牛产业已经具备坚实的社会基础。国家草原生态保护奖励补助机制和"粮改饲"试点工作的实施，有力地夯实了青海省牦牛产业发展的草料基础；全国草地生态畜牧业试验区创新探索取得的丰硕成果，从体制机制上为发展牦牛产业积累了经验；高效养殖等关键技术取得突破，为发展牦牛产业提供了强有力的技术支撑。

2011年初，青海省人民政府进一步明确提出，要立足牦牛、藏羊资源优势，着力实施"世界牦牛之都""中国藏羊之府"品牌战略。至此，青海的特色牛羊资源品牌化运作清晰地进入人们的视野。为了推进青海省牦牛产业发展，建设具有高原特色青海特点的现代牦牛产业体系，2018年，青海省出台了《关于加快牦牛产业发展的实施意见》，同时制定《牦牛和青稞产业发展三年行动计划（2018—2020年）》，对牦牛产业发展进行了顶层规划和设计，明确了资金扶持重点和关键措施，确定了8项推进牦牛产业发展的重点任务，使牦牛产业发展方向、措施和路径更加明晰，全面加快了青海牦牛产业振兴发展的脚步；并且提出到2025年，将青海省打造成为全国牦牛特色产业优势区、全国重要的牦牛肉生产基地、精深加工基地，全面确立青海牦牛在全国乃至世界牦牛产业中的中心地位。

本书基于密切结合牦牛生产、服务于行业发展需要的原则，主要从牦牛繁育技术、饲养管理技术、育肥技术、疫病防治技术等方面进行阐述，突出理论与实践的有机结合，内容丰富，通俗易懂，便于普及和推广。书中内容设计以生产实际为出发点，按牦牛养殖的实际生产流程组织内容，可以作为基层专业技术人员、牦牛养殖场及专业养殖户牦牛养殖生产的指导用书，也可作为畜牧科技培训教材。希望能够对牦牛产业化发展起到积极的作用，同时有助于广大牦牛养殖者更深层次地了解和认识牦牛。

在本书编写过程中，得到了海南藏族自治州科技局鼎力支持，同时引用了诸多专家和学者的研究成果及资料，在此表示衷心感谢！由于编写组业务水平有限，书中不足之处在所难免，敬请读者批评指正。

编著者

2024年5月

目　录

第一章　牦牛的遗传资源 ………………………………………………… 1
　　第一节　我国牦牛的遗传资源概况 ………………………………… 1
　　第二节　青海省牦牛的遗传资源或地方品种 ……………………… 2
第二章　牦牛场建设及环境控制 ………………………………………… 7
　　第一节　牦牛场建设及要求 ………………………………………… 7
　　第二节　牦牛舍的类型 ……………………………………………… 8
　　第三节　牦牛舍的环境控制 ………………………………………… 12
第三章　牦牛繁育技术 …………………………………………………… 15
　　第一节　牦牛的特性 ………………………………………………… 15
　　第二节　牦牛的繁殖特性 …………………………………………… 19
　　第三节　母牦牛的发情鉴定技术 …………………………………… 23
　　第四节　牦牛的配种技术 …………………………………………… 26
　　第五节　牦牛的妊娠诊断技术 ……………………………………… 32
　　第六节　牦牛的分娩助产技术 ……………………………………… 36
　　第七节　牦牛的繁殖管理技术 ……………………………………… 42
第四章　牦牛的放牧管理 ………………………………………………… 46
　　第一节　牦牛放牧的牧场划分 ……………………………………… 46
　　第二节　牦牛的放牧 ………………………………………………… 47
　　第三节　牦牛放牧的组织管理 ……………………………………… 50
　　第四节　牦牛放牧的组群 …………………………………………… 54
　　第五节　组群牦牛的管理 …………………………………………… 55

第五章 牦牛育肥技术······59

第一节 牦牛的选购与运输······59
第二节 育肥牦牛的选择技术······62
第三节 牦牛适时出栏技术······63
第四节 牦牛补饲技术······64
第五节 牦牛暖棚养殖技术······66

第六章 牦牛高效养殖技术推广······68

第一节 牦牛高效养殖技术推广点选点要求······68
第二节 母牦牛繁育饲养管理关键技术······69
第三节 犊牛生产技术······70

第七章 牦牛常见病的防治······72

第一节 传染病······72
第二节 普通病······80
第三节 寄生虫病······91

参考文献······95

第一章 牦牛的遗传资源

我国是世界上牦牛遗传资源最丰富的国家,牦牛的发源地和主要产区就是被称为"世界屋脊"的青藏高原及其周围的广大地区。由于不同的地理生态条件、草地类型、饲养水平、选育程度等因素的影响,形成了不同的地方品种或遗传资源。

第一节　我国牦牛的遗传资源概况

据《中国畜禽遗传资源志·牛志》(国家畜禽遗传资源委员会,2011)记载,中国牦牛有12个地方品种和1个培育品种。12个地方品种分别是青海高原牦牛(青海省)、九龙牦牛(四川省)、麦洼牦牛(四川省)、木里牦牛(四川省)、西藏高山牦牛(西藏自治区)、娘亚牦牛(西藏自治区)、帕里牦牛(西藏自治区)、斯布牦牛(西藏自治区)、甘南牦牛(甘肃省)、天祝白牦牛(甘肃省)、中甸牦牛(云南省)和巴州牦牛(新疆维吾尔自治区)。1个培育品种是大通牦牛(青海省)。

金川牦牛(四川省)2015年被列入国家畜禽遗传资源名录。环湖牦牛(青海省)、雪多牦牛(青海省)、昌台牦牛(四川省)及类乌齐牦牛(西藏自治区)2017年被列入国家畜禽遗传资源名录。2019年阿什旦牦牛(青海省)作为世界上第二个人工培育的牦牛新品种,通过国家畜禽遗传资源委员会审定,并取得国家畜禽新品种证书。

第二节　青海省牦牛的遗传资源或地方品种

一、野牦牛

野牦牛是青藏高原现存特有的珍稀野生牛种之一，属于国家一级保护动物，一般生活在青藏高原海拔4 000～5 000米的高山峻岭之中，性喜群居，数十头甚至数百头成群生活在一起，善于攀高涉险，性情凶猛暴躁，适应性极强。

野牦牛全身被毛粗而密长，腹部、肩部及关节处毛更长，裙毛及尾毛几乎垂到地面，毛色为黑色或者黑褐色，鼻镜面部及背线的毛色较浅，近似为灰白色。体格大，头长而粗重，角粗长，先向两侧弯曲，再向后翘起，呈圆锥形。野牦牛颈短而多肉，颈峰高而隆起，胸宽而深，四肢强壮，蹄大而圆，体质结实（图1-1）。雌性野牦牛相对单薄。成年野牦牛体高为165～200厘米，活重约500千克。每到寒冷季节，成群结队聚集在平坝过冬，到暖季又迁移到雪线附近休养生息，有的野牦牛群常向北迁入祁连山腹地。

野牦牛的配种季节为7—9月，产犊季节为3—6月。雄性野牦牛在繁殖季节会混入附近的家牦牛群中配种，其获得的后代在体格大小和抗病力等方面比家牦牛有不同程度的提高，但性情较野。

图1-1　野牦牛

二、牦牛培育品种

（一）大通牦牛

大通牦牛属肉用型牦牛培育品种，是我国，也是世界上人工培育的第一个牦牛新品种。

大通牦牛外貌具有明显的野牦牛特征，其嘴、鼻镜、眼睑为灰白色，具有清晰可见的灰色背脊线，毛色全黑或夹有棕色。公牦牛有角，头粗重，颈短厚且深；母牦牛头长清秀，眼大而圆，绝大部分有角，颈长而薄。鬐甲高而颈峰隆起（公牦牛更甚），背腰部平直，至十字部稍隆起。体格高大，体质结实，发育好，呈现肉用体型。体侧下部密生粗长毛，体躯夹生绒毛和两型毛，裙毛密长，尾毛长而蓬松（图1-2）。

图1-2 大通牦牛

大通牦牛生长发育速度快，初生、6月龄、18月龄体重比家牦牛群平均高15%~27%，犊牛越冬死亡率由同龄家牦牛群体的5%降低到1%，3.5岁母牦牛即可初产，受胎率可达70%，24~28月龄公牦牛即可正常采精，母牦牛多数为三年两产，产犊率75%。

（二）阿什旦牦牛

阿什旦牦牛属肉用型牦牛培育品种，是我国，也是世界上第二个人工培育的牦牛新品种。

阿什旦牦牛以被毛黑褐色和无角为重要外貌特征，体质结实，结构匀称，发育良好。头部轮廓清晰，顶部稍隆，额毛卷曲，鼻孔开张，嘴宽阔，鼻镜、嘴唇多为灰白色。体躯结构紧凑，背腰平直，前躯、后躯发育良好。四肢端正，左右两肢间宽，蹄圆缝紧，蹄质坚实。被毛丰厚有光泽，背腰及尻部绒毛厚，各关节突出处、体侧及腹部粗毛密而长，尾毛密长、蓬松。公牛雄性明显，头粗重，颈粗短，鬐甲隆起，腹部紧凑；睾丸匀称，无多余垂皮。母牛清秀，脸颊稍凹，颈长适中，鬐甲稍隆起；腹稍大、不下垂，乳房发育好，乳头分布匀称（图1-3）。

图1-3 阿什旦牦牛

公牦牛性成熟3岁，初配年龄4岁，体成熟4～5岁，利用年限8年左右，配种能力旺盛期4.5～8.5岁。采精公牦牛每次射精量2～4毫升。母牦牛初情期1.5～2.5岁，初配年龄3岁，体成熟4岁，发情周期16～25天，发情持续期1～2天，妊娠期250～260天。母牦牛繁殖年龄3～15岁，利用年限10年左右。在自然群体中，公母适宜比例1：（15～25），繁殖率70%～90%，繁殖成活率60%～85%，两年连产率50%～65%，三年连产率25%～40%。

三、牦牛主要地方品种或遗传资源

（一）青海高原牦牛

属肉用型牦牛地方品种，主要分布在昆仑山和祁连山相互交错的高寒地区，包括玉树藏族自治州西部，果洛藏族自治州玛多县西部，海西蒙古族藏族自治州格尔木市、天峻县和海北藏族自治州等地，于2000年被列入国家级畜禽品种资源保护名录。

图1-4 青海高原牦牛

由于青海高原牦牛分布区与野牦牛栖息地相毗邻，长期以来不断有野牦牛基因融入，体型外貌多带有野牦牛特征。青海高原牦牛毛色多为黑褐色，嘴唇、眼眶周围和背线的短毛多为灰白色或污白色，头大，角粗，皮松厚，鬐甲高、长、宽，前肢短而端正，后肢呈刀状，体侧及腹部下部密生裙毛。公牦牛头粗重，呈长方形；颈短厚且深；睾丸较小，接近腹部，不下垂。母牦牛头长，眼大而圆，额宽，有角，颈长而薄，乳房小、呈碗碟状，乳头短小，乳静脉不明显（图1-4）。

青海高原牦牛公牛2岁性成熟即可参加配种，2～6岁配种能力最强，之后逐渐减弱。自然交配时公母比例为1：（20～30），利用年龄在10岁左右。母牦牛一般2～3.5岁开始发情配种，多数在6月中下旬开始发情，7—8月为发情盛期，发情周期约21天，但个体间差异较大，发情持续期41～51小时；妊娠期为250～260天，

4—7月产犊。一年一产率在60%以上，两年一产率约为30%，双犊率为1%~2%。

（二）环湖牦牛

环湖牦牛主要分布在青海省海南藏族自治州、海北藏族自治州、海西蒙古族藏族自治州境内的半干旱草原草场和草甸草场。中心产区为海南藏族自治州贵南县、共和县、同德县，海北藏族自治州海晏县、刚察县，现存栏约78万头。

环湖牦牛被毛主要为黑色，部分个体为黄褐色或带有白斑；体格较小，体型紧凑；体躯健壮，头部近似楔形、大小适中，部分无角，有角者角细而尖；四肢粗短、蹄质结实；公牦牛头型短宽，肩峰较小，尻短；母牦牛头型长窄，略有肩峰，背腰微凹，后躯发育较好。胸廓发达；被毛属于混型毛，下层密生绒毛，并伴随粗毛生长，体躯下部着生着密而厚的绒毛和粗长毛；四肢坚实、能卷食高草，也能充分利用地槽和陡峻山坡牧草，极耐粗饲，抗逆性强；对高海拔、低气压、寒冷缺氧的高山草原适应性很强（图1-5）。

图1-5 环湖牦牛

环湖牦牛母牦牛一般3.5岁初配，成年母牛多两年一产；公牦牛一般3.5岁开始配种。成年公、母牛体高约为119厘米和110厘米，体斜长约为132厘米和121厘米，胸围约为171厘米和150厘米，体重约为273千克和194千克。成年公牛平均屠宰率和净肉率分别为52%和39%，成年母牛平均屠宰率和净肉率分别为48%和39%；经产牛平均产乳量约为192千克。

（三）雪多牦牛

雪多牦牛是由青海省黄南州河南蒙古族自治县赛尔龙乡当地野牦牛经千百年自然选择和人工驯化发展而成的。

雪多牦牛体型深长、骨粗壮、体质结实。头较粗重显长，额宽而短，鼻梁窄而微凹，嘴唇宽厚。眼大、眼珠略外突，圆而有神。耳小较短。公母多有角，公牛角基处较粗，角茎粗圆而长，角间距宽，呈双弧环扣不密闭圆形，少数角尖向后弯，呈对称开张形。母牛角茎较细较短，角环大且尖内屈，无角母牛颅顶隆突。躯干发育良好，肢势较正、筋腱坚韧。蹄圆而坚实，悬蹄较分开。被毛纤维较粗、垂顺、亮泽，鬃毛短，裙毛四季均有分界线且清晰。被毛绝大多数为黑褐色，少有黄褐色、青色、青花色，白色极少。鬐甲毛多为褐红色，少数牛鬐甲及背线处、眼、唇及鼻周围呈灰白或青白色（图1-6）。

图1-6 雪多牦牛

雪多牦牛公、母牦牛一般3.5岁初配，成年母牛多两年一产；成年公、母牛体高约为130厘米和115厘米，体斜长约为139厘米和135厘米，胸围约为194厘米和175厘米，体重约为376千克和291千克，屠宰率约为52%和50%。多年来，"雪多牦牛"因个体大、产肉多、肉质好、极耐粗饲、抵抗力强等多个优点而深受当地牧民喜爱，在青海省高海拔地区牦牛类群中极具特色。

第二章 牦牛场建设及环境控制

第一节 牦牛场建设及要求

由于牦牛独特的生理特点和生活习性，其舍饲、半舍饲养殖起步较晚，随着牦牛产业的逐步有序推进，牦牛的舍饲化养殖在借鉴高寒地区肉牛、奶牛集约化舍饲养殖的基础上，得到了快速发展。

牦牛怕热不怕冷，耐粗饲且性情较野，生产中要按照其生理特点、生活习性和对环境条件的要求，结合当地自然地理和气候条件，合理布局、科学建造，为牦牛生产提供良好的环境条件。

牦牛养殖场的选择要有周密的考虑，要符合防疫规范要求，统筹安排且有长远的规划，同时要与当地农牧业发展规划、农田基本建设规划以及今后修建住宅等规划结合起来，且适应现代化养牛业的需要，根据前期规划的牦牛养殖场规模及场地面积要求，选择合适的场地，同时应遵循以下几条选址原则。

（1）牦牛养殖场选址要符合国家《畜禽养殖用地政策》《中华人民共和国农业法》《中华人民共和国草原法》《中华人民共和国畜牧法》《畜禽养殖污染物防治技术规范》等相关政策法规的要求，符合当地土地利用发展规划和城镇建设发展规划、农牧业发展规划、农田基本建设规划等地方性政策条例。

（2）牦牛养殖场应选择在地势高燥、背风、向阳、水源充足，无污染，供电及交通方便的地方。远离公路、城镇、居民和公共场所1千米以上。

（3）牛场的地面以沙壤土为佳，避免采用黏土盐碱土地。地面要平坦，稍有坡度，不宜大于5°，以1°~3°较为理想，以便排水。总坡度应与水流方向相同。

（4）牛舍一般为东西走向，两排牛舍前后间距应大于8米，左右间距应大于5米。

（5）周边有充足且符合卫生要求的水源，保证生产、生活及人畜饮水。

（6）要综合考虑当地的气象因素，如年平均气温、最高温度、最低温度、湿度、年降水量、主风向、风力等因素,以选择有利地势。

(7) 牦牛养殖场周围必须有相应的饲料种植土地,以保证饲草料的及时充足供应,减少运输成本。

(8) 符合卫生防疫和环保要求,远离主要交通要道,位于村镇、居民点和企事业单位的全年主风向的下风向。

第二节 牦牛舍的类型

前主要有牦牛越冬补饲暖棚、集约化育肥牦牛舍等几种形式。

一、牦牛越冬补饲暖棚

受高原独特环境条件影响,在漫长的冷季,牦牛减重严重,有时甚至死亡,造成严重的经济损失。建造牦牛越冬补饲暖棚能有效改善牦牛寒冷季节的生长环境,是发展高原畜牧业的重要途径。由于牦牛越冬暖棚是一种被动式接收太阳能的牛舍,其构造简单,建筑成本低,设计施工灵活多变,在广大牦牛产区有着比较广泛的应用。

牦牛越冬补饲暖棚为单层、双坡或单坡屋面矩形平面;钢骨架结构,工字钢立柱与南北墙高度约为2.4米;外墙采用砖混墙体,水泥砂浆勾缝,内外砂浆抹面;屋脊高1.2米,南屋面略大于北屋面;不透光屋面采用彩钢板,约1/3面积的南屋面采用透光的聚碳酸酯(PC)板;南墙设门,供牦牛和牧民出入。南墙下接近地面处设置通风口,北墙高位处设通风窗。暖棚内设若干固定于地上或中间立柱上的补饲料槽,用于归牧后补饲精料或青干草(图2-1)。

图2-1 牦牛越冬补饲暖棚

暖棚数量和面积视养殖规模而定,一般为并排单列或多列式排列,单间暖棚面积为3.5米×15米,或根据实际情况进行调整。牦牛暖棚外要设置运动场,对白天进行放牧、夜间进行补饲的牦牛，其暖棚外运动场可适当缩小，对采用完全舍饲的牦牛，其运动场要适当加大。

二、集约化育肥牦牛舍

集约化育肥牦牛舍在国内尚处于试验探索阶段，目前大多参考肉牛、奶牛牛舍进行修建，但都在牛舍外设置了比较大的运动场（图2-2）。

图2-2　集约化育肥牦牛舍

1. 环境设计要求

（1）育肥牦牛舍适宜温度范围为5~21℃，最适温度范围10~15℃；产犊舍温度不低于8℃，其他牛舍不低于0℃；夏季舍温不超过30℃。牛舍地面附近与顶棚附近的温差为2.5~3℃，墙壁附近温度与牛舍中央的温度差不能超过3℃。

（2）牦牛舍一般湿度较大，但湿度过大危害牦牛生产，轻者达不到肉用质量要求，重者引发牛群体质下降疾病增多。因此，舍内的适宜相对湿度是50%~70%，最好不要超过80%。牛舍应保持干燥，地面不能太潮湿。

（3）集约化育肥牦牛舍应保持适当的气流，冬季以0.1~0.2米/秒为宜，最高不超过0.25米/秒。夏季则应尽量使气流不低于0.25米/秒。另外，应能在冬季及时排出舍内过多的水蒸气和有害气体，保证牦牛舍氨含量不超过26克/米^3、硫化氢含量不超过6.6克/米^3。

（4）牦牛舍采光系数即窗户受光面积与牛舍地面面积之比，商品牛舍为1∶16以上，入射角不小于25°，透光角不小于5°，应保证冬季牛床上有6小时的阳光照射。

2. 结构设计要求

（1）牦牛舍地面因建材不同而分为黏土地面、三合土（石灰∶碎石∶黏土为1∶2∶4）地面、石地面、砖地面、木质地面、水泥地面等。为了防滑，水泥地面应做成粗糙磨面或划槽线，线槽坡向内沟。

（2）墙体是牛舍的主要围护结构，将牛舍与外界隔离，起承载屋顶，以及隔断、防护、隔热和保暖作用。墙上有门、窗，以保证通风、采光和工作人员、牦牛出入。根据墙体的情况，可分为开放舍、半开放舍和封闭舍三种类型。开放式牦牛舍四面无墙。半开放式牦牛舍三面有墙，一般南面无墙或只有半截墙。封闭式牦牛舍，上有屋顶，四面有墙，并设有门、窗。

（3）牛舍的门有内外之分，外门的大小应充分考虑牦牛自由出入、运料清粪和发生意外情况能迅速疏散牦牛的需要。每栋牛舍的两端墙上至少应该设2个向外的大门，其正对中央通道，以便于送料、清粪，大跨度牦牛舍也可以正对粪尿道设门，门的多少、大小、朝向都应根据牦牛舍的实际情况而定。较长或带运动场的牛舍允许在纵墙上设门，但要尽量设在背风向阳的一侧。所有牛舍大门均应向两侧开，不应设台阶和门槛，以便牦牛自由出入。门的高度一般为2.0～2.4米，宽度为1.5～2.0米。

（4）牦牛舍的窗设在牛舍中间的墙上，起到通风、采光、冬季保暖的作用。在寒冷地区，北窗应少设，窗户的面积也不宜过大，以窗户面积占总墙面积1/3～1/2为宜。

（5）屋顶是牦牛舍上部的外围护结构，具有防止雨雪和风沙侵袭以及隔绝强烈太阳辐射热的作用。而其主要功能在于冬季防止热量大量地从屋顶排出舍外，夏季阻止强烈的太阳辐射热传入舍内，同时也有利于通风换气。常用的顶棚材料有混凝土板、木板等。牦牛舍高度（地面至天花板的高度）在寒冷地区可适当降低。屋顶斜面呈45°，畜舍高度标准通常为2.4～2.8米。

（6）牛床是牦牛采食和休息的场所（图2-3）。牦牛床应具有保温、不吸水、坚固耐用、易于清洁消毒等特点。牛床的长度取决于牦牛体格大小和拴系方式，一般为1.45～1.80米（自饲槽后沿至排粪沟）。牛床不宜过短或过长，过短时牦牛起卧受限，容易引起腰椎四肢受损；过长时粪便容易污染牛床和牛体。牛床的宽度取决于牦牛的体型。一般牦牛的体宽为75厘米左右，因此，牛床的宽度也设计为75厘米左右。同时，牛床应有适当的坡度，并高出清粪通道5厘米，以利于冲洗和保持干燥，坡度常采用1.0%～1.5%，要注意坡度不宜太大，以免造成繁殖母牦牛的子宫后垂或产后脱出。此外，牛床应采用水泥地面，并在后半部划出防滑线。牛床上可铺设垫草或木屑，一方面保持干燥，另一方面有益于牛床卫生，减少蹄病。繁殖母牦牛的牛床可采用

图2-3 牦牛在牛床上采食

橡胶垫。

（7）拴系方式有硬式和软式两种。硬式多采用钢管制成，软式多用铁链。其中，铁链拴牛又有直链式和横链式之分。直链式铁链尺寸为长链130~150厘米，下端固定于饲槽前壁，上端拴在一根横栏上；短链50厘米，两端用两个铁环穿在长链上，并能沿长链上下滑动。这种拴系方式，牛上下左右可自由活动，采食、休息均较为方便。横链式铁链尺寸为长链70~90厘米，两端用两个铁环连接于侧柱，可上下活动；短链50厘米，两端为扣状结构，用于牛的拴系脖颈。这种拴系方式，牛亦可自由活动。

（8）舍饲牦牛场在每栋牛舍的南面应设有运动场（图2-4）。运动场不宜太小，否则牛密度过大，易引起运动场泥泞、卫生差，导致腐蹄病增多。运动场的用地面积一般可按繁殖母牛每头20~40米^2、后备牛和育肥牛每头15~20米^2、犊牛每头5~10米^2。

图2-4　牦牛运动场

运动场场地以三合土或沙质土为宜，地面平坦，并有1.5%~2.5%的坡度，排水畅通。场地靠近牛舍一侧应较高，其余三面设排水沟。运动场周围应设围栏，围栏要求坚固，常以钢管建造，有条件的也可采用电围栏，栏高一般为1.5米，栏柱间距1.5米。运动场内应设有饲槽、饮水池和凉棚，凉棚既可防雨，也可防晒。凉棚设在运动场南侧，棚盖材料的隔热性能要好，凉棚高3~3.6米，凉棚面积每头牛为5米^2。此外，运动场的周围应种树绿化。

第三节 牦牛舍的环境控制

我国是牦牛养殖大国,牦牛的数量多,分布区域广泛。同时,我国的牦牛养殖又落后于奶牛和肉牛,表现为饲养分散,科技含量低,养牛环境差,养牛与牛肉、牛乳加工相脱节等问题。牦牛养殖方式有牧民散养、个体养牛专业户、养殖合作社、大型育肥牛场等。

为了使牦牛在不同地区、不同环境条件下连年不间断生产,单产水平不下降,充分发挥其生产潜力,必须给牦牛创造适宜的生长环境。而适宜环境创建的一个关键因素就是牛舍的建造,牛舍的建筑、结构、设备、保温、隔热、通风等因素都不同程度地影响着牦牛的生长(图2-5)。有数据表明,品种、饲料和环境3个因素在集约化养牛生产中的相对作用分别占10%~20%、40%~50%和20%~30%。

图2-5 牦牛牛舍建筑内部结构

一、温度

牦牛牛舍要做到冬暖夏凉。冬季保温不低于5℃,下雪后要及时扫除牛舍顶部的积雪。夏季要防太阳暴晒,气温最好不超过30℃,春秋季节气候温和,牛采食量大,生长发育快,是育肥效果最好的季节。

二、湿度

牦牛舍内的相对湿度以不高于80%为宜。在高湿环境下牦牛的抵抗力下降,发病率增高。维持湿度可以在后墙开排粪洞,有排湿作用,也可在牦牛屋顶设天窗,作为排湿的补充设施,当湿度过大时开启天窗排湿。

三、空气质量

牦牛舍不宜累积过多的有毒有害气体，过长时间的封闭会造成二氧化碳、甲烷等有害气体的累积，需要通风排出。通风不仅排出有害气体，同时排出热量和水汽，保证牦牛舍合适的温度和湿度。牦牛舍内空气要有一定的流速，寒冷季节里要求气流速度在 0.1~0.2 米/秒，不超过 0.25 米/秒，随着气流速度增加使牦牛的非蒸发散热量增加，产热量增加，从而造成能量的浪费。

四、光照

白天牛舍内照度要符合饲养标准对牦牛饲养无负面影响。同时，较大的采光面积使舍内热辐射较多，温度增加，提高牛体感温度，增大舒适度。

五、粪尿等排泄物

排泄物要及时清除，如果粪尿在牛舍堆积就会产生异味和有害气体，招引蚊虫，滋生细菌，不利于牦牛生长发育，而且容易污染环境、引发疾病。但牦牛的粪尿又是天然的有机肥料和生物燃料，应该加以合理利用，变废为宝。

六、安全及防暑降温

牦牛场安全中最重要的是防火，因干草堆及其他粗饲料极易被引燃，管理不当的干草堆在受雨淋湿后，在微生物作用下会发酵升温，如不及时翻晾，将继续升温而引起"自燃"，造成火灾。除制定安全责任制度外，还需配备防火设施，如灭火器、消防水龙头等。其次是防止牦牛逃跑，围栏门、牛舍及牛场大门都要安装结实的锁扣。再次是防暑，气温高于 25℃ 时，牦牛开始出现热应激反应。而防暑的最好方法是注意牛场建设布局的通风性能，防止设施成为牦牛舍夏季风的屏障。运动场上可以对立搭建部分凉棚。此外，在牛舍或牛棚安装大型排风扇和喷雾水龙头等也是防止牛中暑的有效手段。最后是防寒，牦牛是比较耐寒冷的动物，但是温度过低会导致牦牛生长缓慢，饲草料转化率低，饲养效益下降，牛舍要防止贼风，牛舍多为半开放式，在冬春季大风天气，可在迎着主风向的牛舍面挂帘阻挡寒风。

七、牦牛场的绿化

牦牛场的绿化不仅能美化环境，更重要的是能改善场区小气候，净化空气，减少尘埃，减少噪声，同时还具有防疫防火作用。场区绿化之后，在夏季气温较高时，由于树木的蒸发，可以吸收周围空气中的热量，可以在一定程度上降低场区温度，提高湿度，再加上树叶的遮阴作用，使树木和周围空气之间形成一定的温差，从而促进气体流动，牛场排出的二氧化碳等气体可被树木及植被吸收进行光合作用等，同时释放出氧气，树木叶片还能吸附尘埃。因此，进行牛场绿化，能减少污染，净化养殖场空气，美化场区环境。

牛场的绿化，主要有场区及道路的绿化和牛舍周围的绿化。牛舍周围要种植低矮植物，以免影响舍内采光，道路绿化可根据场地的实际情况，结合卫生防疫间隔，进行统筹安排，达到既美观又能起到卫生防疫的作用。

第三章

牦牛繁育技术

牦牛繁殖是牦牛生产过程中的关键环节。牦牛数量的增加和牦牛质量的提高，都需要通过繁殖才能实现。牦牛繁殖技术是提高牦牛繁殖效率的主要手段和方法。牦牛性成熟晚，繁殖具有明显的季节性，其繁殖生理机能不同于其他牛种。如何提高牦牛的繁殖效率，不仅是牦牛繁殖技术的主要研究内容和目标，也是牦牛产业供给侧结构性改革的主要内容。

第一节　牦牛的特性

一、牦牛的生物学特性

牦牛的生活习性有它自己的特点，在生产中要把握这些特点，利用这些生物学特性为生产服务。

（一）适应性

牦牛是耐寒怕热的动物，低温对牛无明显的影响，但夏季高温可使牛的采食量下降。如果在低海拔地区饲养，牦牛生长速度和产乳量降低，同时公牛精液品质下降。牦牛不喜欢噪声，喜欢安静的环境，噪声会影响牦牛的生长和生产性能的发挥。牦牛体躯强壮，被毛粗长，尾短毛长似马；腹侧及躯干下部丛生密而长的被毛，形似围裙，故卧于雪地而不受寒。

（二）采食性

牛嗅觉和味觉敏感，喜欢采食草类饲料，尤其是青绿饲草和块根饲料，且喜欢采食带咸味和甜味的饲料，牦牛比较其他牛耐粗饲料。牦牛没有上门齿，牛采食时依靠有力而灵活的舌卷食饲草，匆匆咀嚼后，将粉碎的草料混合成食团吞入胃中，上唇薄而灵活，能采食矮草，牧草过矮（5厘米以下）时，牛不易采食。由于牛采食行为较粗糙，容易将异物吞入造成瘤胃疾病，要防止异物混入草料，避免牛采食外表粗糙、绒毛多、被粪尿和唾液污染的饲草、动物性饲料。牦牛有夜间采食的习惯，对于正在肥育中的牛晚上必须加夜草。

（三）合群性

牦牛是群居家畜，具有合群行为，利用其合群性，可以大群放牧。牛群能形成群体等级制度和群体优胜序列，当不同的品种或同一品种不同的个体混群时，通过角斗决定顺序。公牦牛好斗，但去势后性情温驯。故牦牛群混合时一般要7～10天才能恢复安静，牦牛的这一习性，在育肥时应给予注意，育肥群体中不要加入陌生个体。

（四）休息和运动

牦牛每天需要9～12小时的休息时间，表现为游走、站立或躺卧，休息时反刍、咀嚼食物，牦牛一昼夜至少躺卧睡眠3小时。牦牛喜欢自由活动，在运动时常表现嬉耍性的行为特征，幼龄牦牛特别活跃，饲养管理上要保证牦牛的运动时间，散栏式饲养有利于牦牛的健康和生产。

（五）抗病性能

牦牛的抗病力很强，必须时刻细致观察，尽早发现疾病，及时治疗。由于牦牛的抗病力强，没有经验的饲养员往往不易发现在发病初期的病牛，一旦发现病牛，多半病情已经很严重，在生产中要注意到这一点。

（六）爱清洁

牦牛对受粪尿污染的水源和有异味的草料拒食。因此，在生产中要做到少给勤添，尽量保证饲料不受污染。

二、牦牛的消化特点

牦牛是反刍动物，具有与其他单胃动物不同的、独特的消化特点。养好牦牛就要养好牦牛的瘤胃，牦牛养殖过程中一定要掌握牦牛的消化特点。

（一）唾液腺及唾液分泌

牦牛的唾液腺主要由腮腺、颌下腺和舌下腺组成。唾液腺可以分泌唾液，唾液具有润湿饲料、溶解食入物、杀菌和保护口腔的作用。成年母牦牛的腮腺1天可分泌唾液100~150升。牦牛的唾液中不含淀粉酶，但含有大量的碳酸氢盐和磷酸盐，可中和瘤胃发酵产生的有机酸，以维持瘤胃内的酸碱平衡。牦牛犊牛在哺乳阶段唾液中含有一种独特的舌脂酶，以利于胃肠对脂肪的进一步消化，其对于乳脂的消化有重要意义。除此以外，牦牛口腔唾液中还含有较高浓度的黏蛋白、尿素、矿物质（磷、镁、钙等），可以为瘤胃微生物连续提供易被吸收的营养物质。

（二）口腔

口腔为消化的起始部分，前壁为唇，经口裂与外界相通，后与咽相连，其两侧壁为颊，背侧壁为硬腭，腹侧壁为下颌及舌。牦牛的唇比其他牛的薄而灵活，口裂亦较小。上唇中部和两鼻孔之间及鼻孔内上缘处赤裸无毛的体表部位，称为鼻唇镜（或称鼻镜）。上唇中部宽约1厘米，两鼻孔间宽约4厘米，一般为黑色。在鼻唇镜上唇部的中线上有一纵行的浅沟。口轮匝肌在上唇较厚，下唇较薄。

（三）胃

牦牛的胃占据腹腔的绝大部分空间，几乎占据腹腔的2/3。由瘤胃、网胃、瓣胃和皱胃4个部分组成，前3个胃主要起贮存食物、水和发酵分解粗纤维的作用，无腺体组织分布，不分泌胃液，一般统称为前胃。皱胃内有腺体分布，可分泌胃液，称为后胃，也称为真胃。

1. 瘤胃

占总胃的80%左右，体积最大，一般牛瘤胃体积为94.6升，俗称"草包"。瘤胃是细菌发酵饲料的主要场所，内有大量的微生物繁殖，有"发酵罐"之称。瘤胃是由肌肉囊组成，通过蠕动使食团按规律流动。

2. 网胃

成年牛网胃约占总胃的5%，在4个胃中网胃体积最小，也称"蜂巢胃"。靠近瘤胃，功能同瘤胃。网胃是吸入水分的贮存库，同时能帮助食团逆呕和排出胃内的发酵气体（嗳气）。

网胃位于瘤胃背囊的前下方，位置较低，因此金属异物（如铁钉、铁丝等）被吞入胃内时，易留存在网胃，引起创伤性网胃炎。网胃的前面紧贴着肺，而肺与心包的距离又很近，金属异物还可穿过膈刺入心包，继发创伤性心包炎。因此，在饲养管理上要特别注意，严防金属异物混入饲料。

3. 瓣胃

成年牛瓣胃占4个胃的7%，也称"百叶肚"。瓣胃位于瘤胃右侧面，网胃的内侧面。初生犊牛的网胃沟（或称食道沟）起着将乳汁自食管输往瓣胃沟和皱胃的通道作用。对于成年牛，瓣胃如同一个过滤器，通过收缩把食物稀软部分送入皱胃，把粗糙部分留瓣叶间，在此还大量吸收水和酸。

4. 皱胃

皱胃的功能与非反刍家畜单胃的功能基本相同，也称"真胃"，有消化腺，可以分泌胃液。皱胃是连接瓣胃和小肠的管状器官，也是菌体蛋白质和过瘤胃蛋白质被消化的部位，食糜经幽门进入小肠，消化后的营养物质通过肠壁吸入血液。

牦牛的瘤胃占据左腹的大部分，形状近似圆形。牦牛的瘤胃发育比其他牛好，采食量大，耐粗饲。牦牛的网胃、瓣胃的发育不如其他牛。在牦牛饲养中，饲草料或日粮要多样化，多搭配容积大、粗纤维丰富的青粗饲料。变换饲料时要有1～2周的适应期，使瘤胃对新饲料逐渐适应。

（四）反刍

反刍又称"倒磨""倒草""回嚼"。牦牛采食时先粗略咀嚼就吞咽，饲料在瘤胃中浸泡和软化，在卧息或停止采食后0.5～1小时进行反刍，由瘤胃内逆呕或倒入口腔，反复仔细咀嚼并混合唾液，然后吞咽到瘤胃的过程称为反刍。若犊牛出现反刍的时间早则有利于生长发育，因此可对犊牛进行早期补饲。反刍就像一种有控制的呕吐，它是对富含粗纤维的植物性饲料消化过程中的补充现象，由逆呕、重咀嚼、混合唾液和吞咽4个过程构成。牛的日反刍时间一般为6～8小时，反刍周期14～17次，食后反刍来临时间1～2小时。犊牛一般在出生后3周出现反刍。饲料的物理性质和瘤胃中挥发性脂肪酸是影响反刍的主要因素。

三、牦牛骨骼解剖特点

牦牛的椎骨数量、肋骨数量、胸骨、四肢骨、骨盆腔与其他牛不相同。

（一）椎骨

牦牛椎骨有47～48个，在数量上牦牛的椎骨下限数量比其他牛少1个。

1. 胸椎

牦牛14～15个，其他牛则13个，牦牛比其他牛多1～2个，由此形成牦牛长的胸廓。牦牛胸椎棘突高耸，其中尤以第2～4胸椎最为高耸，形成高而长的肩峰，公牛最为明显。

2. 腰椎

牦牛5个，其他牛6个。

3. 荐椎

牦牛6个，其他牛5个。牦牛的荐椎体短、窄。

4. 尾椎

牦牛15个，其他牛17个。牦牛尾的摆动与直立比其他牛自如。

（二）肋骨

牦牛的肋骨有14对，比其他牛多1~2对，与胸椎配合则形成深而长的胸廓。但肋骨的宽度不如其他牛，成年牦牛肋骨中部一般为2~4厘米。

（三）胸骨

牦牛的胸骨与普通牛、水牛一样，是一联体，但结构特殊，其组织比较疏松，且相对长而平。

（四）四肢骨

牦牛四肢骨骼较普通，个别牦牛短小而细。

（五）骨盆腔

牦牛骨盆比普通牛、水牛窄短，且腔体小。

第二节　牦牛的繁殖特性

一、公牦牛的繁殖特性

公牦牛繁殖有以下几个阶段（图3-1）。

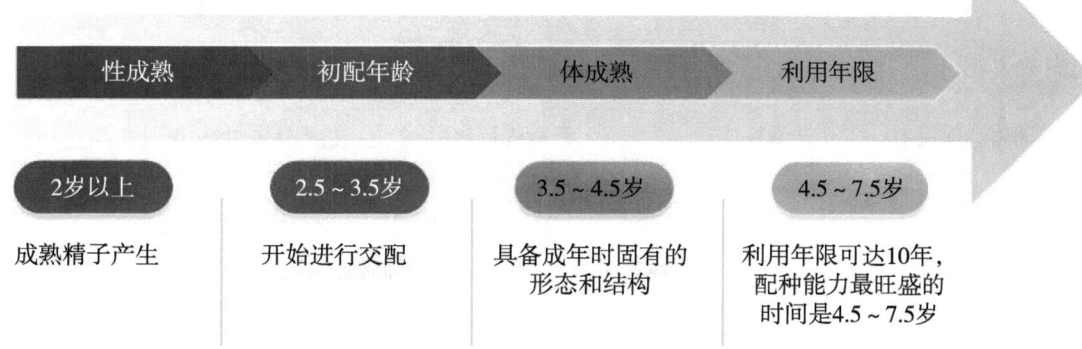

图3-1　公牦牛繁殖发育时间特征流程

（一）性成熟

公牦牛性成熟的标志是初次释放有受精能力的精子，并表现出完整的性行为序列。公牦牛产生成熟精子，与母牦牛交配，使母牦牛受孕。公牦牛的性成熟在2岁以后。生产实践中，公牦牛在1岁左右就出现爬跨母牦牛的性行为，但此时没有成熟精子产生，不能够使母牛受孕。在2岁以上才有成熟精子产生，并能够使母牛受孕。

（二）初配年龄

在牦牛整个个体的生长发育过程中，体成熟期比性成熟期晚得多，如果育成公牦牛过早地交配，会妨碍其健康和发育。公牦牛初配年龄为2.5～3.5岁。

（三）体成熟

公牦牛体成熟指其骨骼、肌肉和内脏器官已基本发育完成，而且具备了成年时固有的形态和结构。公牦牛体成熟年龄为3.5～4.5岁。

（四）利用年限

公牦牛的利用年限可达10年左右，配种能力最旺盛的时间是4.5～7.5岁，以后逐渐减弱。对配种能力明显减弱的公牦牛，应及时淘汰。在自然交配条件下，公、母牦牛适宜比例为1:（15～20）。

二、母牦牛的繁殖特性

母牦牛繁殖有以下几个阶段（图3-2）。

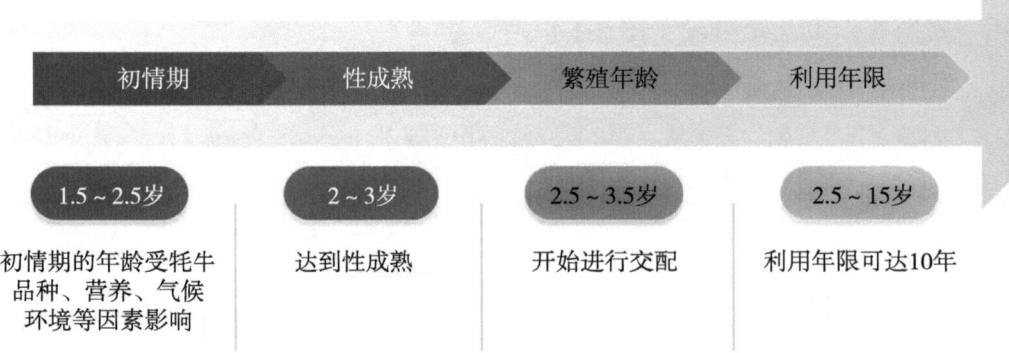

图3-2 母牦牛繁殖发育时间特征流程

（一）初情期

母牦牛初情期一般在1.5～2.5岁，个别营养条件好的母牦牛在10～12月龄有性行为显露。初情期的年龄受牦牛品种、营养、气候环境等因素影响。凡是阻碍牦牛生长的因素，都会延长母牦牛的初情期。

（二）性成熟及繁殖年龄

母牦牛2~3岁达到性成熟，在此之前，虽有发情表现并能受孕，但生殖器官尚未发育完全。通常初配年龄是2.5~3.5岁。

（三）利用年限

母牦牛3~4岁达到体成熟，繁殖年龄为2.5~15岁，平均可利用年限10年。

（四）发情

发情是母牛繁殖过程中的一个重要环节，是母牛生殖中最重要的生理现象之一，而发情中最本质的现象是排卵。在生产实践中，人们通过实施母牛的发情控制技术，使母牛按照人们的要求在一定时间发情、排卵和配种，人为地控制和调整发情、排卵规律，最终达到提高繁殖率的目的。

1. 发情表现

母牦牛发情具有其他牛的一般特征，但不如其他牛种明显。发情初期，表现出精神不安，放牧中采食量减少。发情中期或旺期，外阴明显肿胀、湿润，阴门流出蛋白样黏液，举尾尿频或弓腰举尾（图3-3）；放牧中很少采食并主动寻找成年公牦牛，或对成年公牦牛追逐不离。当公牦牛爬跨时，发情中期母牦牛举尾、安静站立并接受交配。发情末期，上述症状逐渐消失，精神趋于正常，外阴肿胀消退，黏液变稠，呈黄色糊状。牦牛的发情症状多以早晚较为明显。

图3-3　牦牛弓腰举尾

2. 发情季节

母牦牛的繁殖有明显的季节性，6—11月为发情季节，其中7—9月为发情旺季。非当年产犊的母牦牛，第一次发情的时间多集中于7—8月，带犊哺乳母牦牛发情多在9月以后。同时，母牦牛的发情季节受当地海拔、气候、牧草质量及母牦牛的个体状况等因素影响。

3. 发情周期

在配种季节，母牦牛发情后经交配未受孕，经若干日后再度出现发情，由这一次发情开始到下一次再次发情开始为止，这段时间称为发情周期。母牦牛的发情周期平均为21天，一般为16~25天，但异常周期也较为常见。一般壮龄、膘情好的母牦牛发情周期较为一致，老龄、膘情差的母牦牛发情周期较长。发情持续期1~2天，持续期的长短受母牦牛年龄及天气等因素影响。

4. 产后发情

母牦牛产后第一次发情的间隔时间受产犊时间的影响较大，产犊月份离发情季节越远，产后发情的间隔期则越长，平均为125天。3—6月产犊的母牦牛至产后第一次发情的间隔时间为75~13天，7月以后产犊和产乳多或膘情差的母牦牛当年不易发情，至翌年发情季节才能发情。

5. 妊娠期

牦牛的妊娠期比奶牛、水牛均短，平均为255天，一般为250~260天。若牦牛怀杂种犊牛（犏牛犊牛），则妊娠期延长，一般为270~280天。胎儿的性别对妊娠期的影响不明显。

6. 分娩

牦牛产犊季节为3—8月，各月的产犊比例受配种时间的调节。4—5月分娩对犊牛的生长发育最为有利，犊牛可以逐渐得到较多的母乳，又能在入冬前采食到较多的牧草。7—8月产犊则不利于母牛及犊牛越冬过春。因此，促使母牛早发情、早配种、早分娩是牦牛繁殖工作的重要环节。

7. 产犊率

牦牛一般是三年两产或两年一产，产犊率在85%以上，少见难产及胎衣不下等情况。

8. 繁殖力

牦牛的繁殖力较低，发情率不高是导致繁殖力较低的主要原因。在自然繁育牛群中，繁殖率一般为60%~75%，繁殖成活率为45%~75%。

第三节 母牦牛的发情鉴定技术

一、母牦牛发情鉴定的方法

(一)外部观察法

外部观察法主要根据母牦牛发情时的外部表现及牛的爬跨情况进行,是对母牛进行发情鉴定最常用的一种方法。母牦牛的发情征兆不像其他牛那样明显。为了及时准确地检出发情母牦牛,可用结扎输精管的公牛作试情公牛,也可用去势的驮牛作试情牛。简便易行的方法是用一、二代杂种公牛作试情公牛。杂种公牛本身无生育能力,不需要做手术,且性欲旺盛,判断准确。一般每百头母牛配备2~3头试情公牛即可。

配种季节放牧时,放牧员一定要跟群放牧,认真观察,及时发现发情母牛。发情初期阴道黏膜呈粉红色并有透明黏液流出,量少,此时不接受尾随的试情公牛爬跨,兴奋不安,常常叫几声;以后母牦牛黏液逐渐增多,不安定,公牦牛或其他母牦牛跟随,但母牦牛尚不接受爬跨,子宫颈充血肿胀开口较大,流透明黏液,量多,潴留在子宫颈附近,黏性较强;经10~15小时进入发情盛期,母牦牛很安定,接受尾随试情公牛爬跨,站立不动,阴道黏膜潮红湿润,阴户充血肿胀,从阴道流出混浊黏稠的黏液。发情盛期之后,阴道黏液呈微黄糊状并逐渐变成半透明,量较少,黏性减退,阴道黏膜变为淡红色,虽仍有公牦牛想爬跨,但母牦牛已稍有厌倦,不太愿意接受爬跨,往往走开一两步。子宫颈的充血肿胀度已减退,最后黏液变成乳白色,似浓炼乳状,量少以后母牦牛恢复常态,如公牦牛跟随,母牦牛拒绝接受爬跨,表示发情已停止。

放牧员或配种员必须熟悉母牦牛发情的特征,准确掌握发情时期的各阶段,以保证适时输精配种。

(二)阴道检查法

阴道检查法就是将开膣器插入母牦牛阴道借助光源观察阴道黏膜的色泽、黏液性状及子宫颈口开张情况,判断母牦牛发情程度的方法(图3-4)。因阴道检查法不能准确判断母牦牛的排卵时间,只作为一种牦牛发情鉴定的辅助方法。母牦牛发情周期中阴道及子宫颈分泌物变化有一定的规律性,观察黏液变化情况对于发情鉴定有一定的参考价值。黏液的流动性取决于其酸碱度,黏液碱性越大则越黏,间情期的阴道黏液比发情期的碱性要大，故黏性大。在发情开始时，黏液碱性最低，故黏性最差。在发情盛期，碱性增大，故黏性最大，呈玻璃状。

在发情初期，阴道黏膜呈粉红色、无光泽、有少量黏液，子宫颈外口略开张。发情高潮期阴道黏膜潮红，有强光泽和润滑感，阴道黏液中常有血丝，子宫颈外口充血、肿胀、松弛、开张。此期末输精较为合适。发情末期阴道黏膜色泽变淡，黏液量少而黏稠，子宫颈外口收缩闭合。

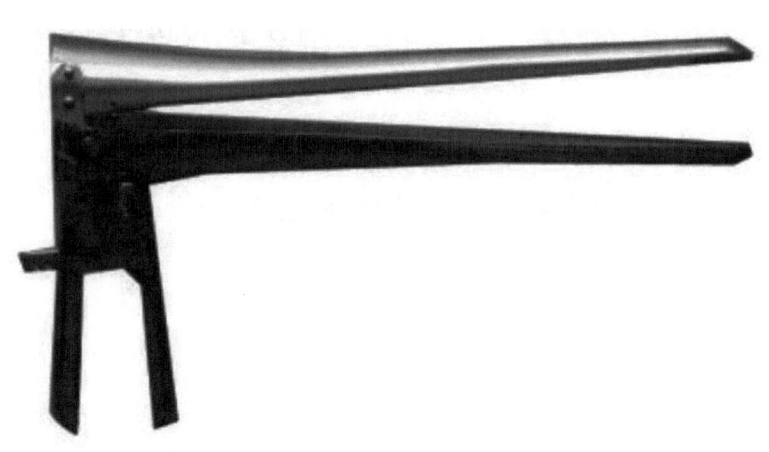

图3-4 开膣器结构示意

（三）直肠检查法

直肠检查法是操作者将手伸进母牦牛的直肠内，隔着直肠壁触摸检查卵巢上卵泡发育的情况，以便确定配种适宜期。直肠检查法是目前判断母牦牛发情比较准确而最常用的方法，但对操作者技术水平要求比较高。

1. 母牦牛的卵泡发育

牛的卵泡发育（图3-5）可分为四期。

第一期，卵泡出现期。卵巢稍有增大，卵泡直径为0.5～0.75厘米，触诊时有软化点、波动不明显。此期持续6～10小时，一般母牦牛已开始出现发情征状，但此期不予配种。

第二期，卵泡发育期。获得发育优势的卵泡迅速增大体积，卵泡直径11.5厘米，呈球形，突出于卵巢表面，略有波动。持续期10～12小时，母牦牛的发情表现由显著到逐渐减弱，此期一般不配种或酌情配种。

第三期，卵泡成熟期。卵泡体积不再增大，卵泡壁变薄、紧张、波动明显，直肠检查时有一触即破之感。经过6～18小时排卵，母牦牛的发情征状由微弱到消失。此期是配种最佳期。

第四期，排卵期。卵泡破裂排卵，卵泡液流失，故泡壁变为松软，并形成一个小的凹陷。排卵后6～8小时即开始形成黄体，再也摸不到凹陷。排卵发生在性欲消失后10～15小时。夜间排卵较白昼多，右侧卵巢排卵较左侧多。此期不宜再配种。

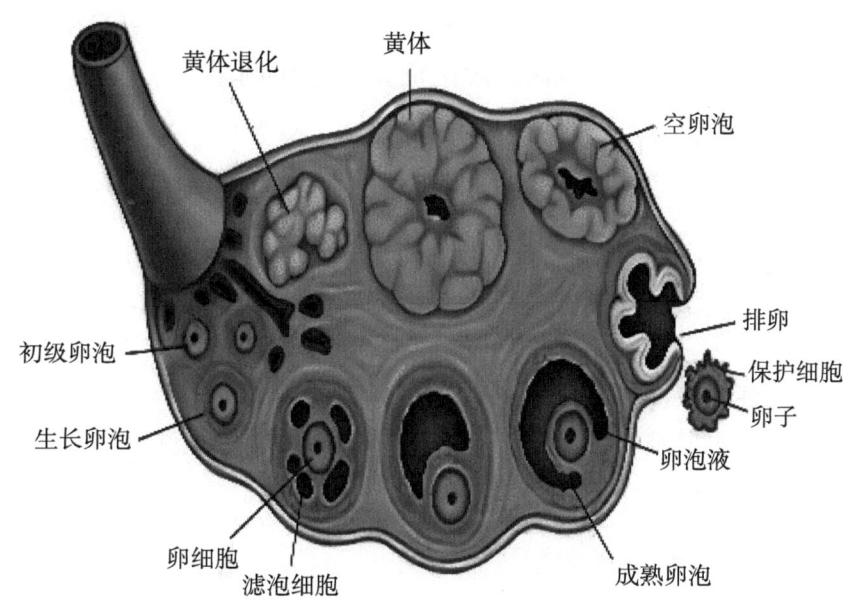

图3-5 牛的卵泡发育示意

2.检查方法

直肠检查时,操作者将手伸进直肠,根据母牦牛卵巢在体内的解剖部位寻找卵巢,触摸卵泡的变化情况牦牛的卵巢、子宫部位较浅,生殖器官集中在骨盆腔内,直肠检查时排出宿粪之后,将手伸入直肠一掌左右,掌心向下寻找到子宫颈(似软骨样感觉),然后顺子宫颈向前,可触摸到子宫体及角间沟,再稍向前在子宫大弯处的后方即可触摸到卵巢。此时便可仔细触摸卵巢的大小、质地、性状和卵泡发育情况。摸完一侧卵巢后,再将手移至子宫分叉部的对侧,并以同样的方法触摸另一侧卵巢。

二、影响母牦牛发情的因素

(一)品种

不同生态区域的牦牛遗传资源或不同地方牦牛品种或培育品种,其初情期的早晚及发情的表现不尽相同。一般情况下,体格大的牦牛初情年龄晚于体型小的牛种。

(二)自然因素

由于自然地理因素的作用,不同区域的牛种或品种经过长期的自然选择和人工选育,形成了各自的发情特征。母牦牛发情持续时间长短亦受气候因素的影响。高温季节母牦牛的发情持续期要比低温季节高寒牧区放牧饲养的母牦牛短，当饲料不足时，发情持续期也比半农半牧区或农区饲养的母牦牛短。

（三）营养水平

营养水平是影响牦牛初情期和发情表现非常重要的因素，自然环境对母牦牛发情的影响在一定程度上亦是营养水平的变化所致。一般情况下，良好的饲养水平可以增加牦牛的生长速度，提早牦牛的性成熟，也可以增强牦牛的发情表现。牦牛的体重变化与初情期有直接的关系。因此，在良好的饲养管理条件下，牦牛的健康生长有利于牦牛的性成熟。在牦牛自然采食的饲料中，可能含有一些物质影响牦牛的初情期和经产牛的再发情。如存在于豆科牧草（如三叶草）中的植物雌激素，就可能影响牦牛的发情特征。

（四）生产水平和管理方式

母牦牛的发情表现与生产性能有关，肉用牛的性表现往往没有乳用牛明显。过度肥胖的母牦牛，其发情特征往往不明显，这可能与激素分泌有关。在生产上，母牦牛产后恢复发情的时间间隔与牦牛饲养管理措施有关，对于营养差、体质弱的母牦牛，其间隔时间也较长。母牦牛产前、产后分别饲喂低、高能量饲料可以缩短第一次发情间隔，如产前饲喂足够能量饲料而产后饲喂低能量饲料，则第一次发情间隔延长。有一部分牦牛在配种季节不发情，如果这部分牦牛要提前配种，必须尽可能采取措施，如提早断乳、早期补饲等，让母牦牛提前发情。

第四节　牦牛的配种技术

一、牦牛的选择

（一）种公牦牛的选择

1. 初选

在断乳前进行，一般从2～4胎母牦牛所生的公犊牛中选拔。按血统和本身的状况进行初选，选留头数比计划要多出1倍。血统一般要求审查到三代。特别对选留公犊牛的父、母品质要进行严格审查，初选中血统状况是首要的依据。根据公犊中的外貌、日增重等选留。对初选定的公犊牛要加强培育，在哺乳和以后的放牧与饲养管理方面予以照顾，并定期称重和测量有关指标，为以后的选留提供依据（图3-6）。

图3-6　初选合适的种公牦牛

2.再选

在1.5～2岁时进行，主要按本身的表现进行评定。对优良者继续加强培育，对劣者特别是生长发育缓慢、具有严重外貌缺陷的及时淘汰或育肥出栏。

3.定选

在3岁或投群配种前进行。最好由畜牧专业技术人员、放牧员等组成小组共同评定，即进行严格的等级评定。定选后的种公牦牛按等级及选配计划可投群配种。如发现缺陷（配种力弱、受胎率低或精液品质不良等）可淘汰。对本品种选育核心群或人工授精用的公牦牛要严格要求，进行后裔测定或观察其后代品质。

（二）母牦牛的选择

对进入选育核心群的母牦牛必须严格选择（步骤基本同公牦牛）。

对一般的选育群主要采取群选的方法如下。

（1）拟定选育指标，突出重要性状，不断留优去劣，使群体在外貌、生产性能上具有较好的一致性。

（2）每年入冬前对牛群进行一次评定，及时淘汰不良的个体。

（3）建立牛群档案，选拔具有该牛群共同特点的种公牦牛进行配种，加速群选工作的进展。

二、牦牛的配种方法

配种是牦牛繁殖技术的重要环节，它不仅直接影响牦牛的增殖和牦牛群的管理、产品的生产，而且与牦牛的选种选配、后代品质等关系密切。牦牛的配种方法主要有人工授精和自然交配，牦牛的配种一般采用自然交配的方法。

（一）自然交配

根据公牦牛的性行为特点，充分利用处于优胜地位公牦牛的竞配能力而达到选配的目的（图3-7）；也要注意及时淘汰虽居优胜地位而配种能力减退的公牦牛。

图3-7 牦牛自然交配前的"气味传递"

公牦牛配种年龄为4~10岁，以4.5~7.5岁的配种能力最强。母牦牛的初配年龄为3岁左右。公、母牦牛的比例以1：（15~20）为宜。

有条件的地区可采用人工辅助配种来提高受胎率。当发现发情母牦牛后，将其系留于定居点，用绳捆绑其两后肢，套于颈上，左、右二人牵拉保定，然后驱赶3头以上公牦牛来竞配。当母牦牛准确地受配两次后，将公牦牛驱散，并将新鲜牛粪涂抹在受配母牦牛臀部，防止公牦牛再次爬跨配种，松去绳索。

（二）人工授精

1. 人工授精在牦牛生产中的意义

人工授精指借助专门器械，用人工的方法采集公牛的精液，经过品质检查和特定处理后，再利用器械把精液输入发情母牦牛生殖道的特定部位，达到妊娠的目的，以代替公、母牛自然交配的一种繁殖技术（图3-8）。

图3-8 牦牛人工授精

（1）人工授精是养牛业最有价值的实用技术和管理手段之一，在牦牛生产中利用人工授精技术能够高效利用优秀种公牦牛精子资源，极大地增进了遗传进展并提高繁殖效率，推动牦牛育种工作，成为迅速增殖良种牦牛的有效方法。

（2）使用人工授精技术可以充分利用优秀的遗传资源，减少公牦牛的饲养数量，在生产中便于繁殖管理，节约饲养成本，提高经济效益。人工授精技术人员要求能准确地掌握母牦牛的发情时间，提高受胎率，减少不孕母牦牛的数量。

（3）人工授精技术可以克服公、母牦牛体格相差过大造成的交配困难，也是高寒牧区犏牛生产的主要技术手段和方法。冷冻精液的使用极大地提高了公牦牛使用的时间性和地域性，有效地解决了种公牦牛不足地区的母牦牛配种问题。

（4）人工授精技术使用的精液都必须经过品质评定，保证精液质量。只有健康的公牦牛才能参加配种，所以人工授精技术的推广与应用，避免了因公牦牛传播的各种疾病，特别是生殖道疾病的传播。

2. 牦牛人工授精技术应用概况

为了提高牦牛生产效率，加快牛群选育的遗传进展，20世纪70年代中期开始了牦牛人工授精技术的研究，主要是采用直肠把握法。随后，利用黑白花奶牛、西门塔尔牛等冷冻精液开展了大量的牦牛人工授精杂交改良试验研究。1983年，中国农业科学院兰州畜牧研究所与青海省大通种牛场联合开展的半血野牦牛冻精及人工授精试验获得成功。在牦牛杂交改良、犏牛生产中，人工授精技术发挥了重要的作用。新品种大通牦牛的成功培育，精液冷冻保存和人工授精技术起到了革命性的作用。因此，人工授精技术的应用与推广，极大地提高了优良公牦牛的配种效率，加快了牦牛遗传改良速度。

牦牛人工授精目前存在的主要问题是需进一步加强冷冻精液保存与利用、输精时间与部位的研究。在生产效率越来越受到重视的今天，牦牛人工授精技术对现代牦牛产业的高效可持续发展具有非常重要的现实意义。随着牛人工授精技术的不断改进和提高，牦牛人工授精技术仍将在我国牦牛产业持续健康发展中做出更大的贡献。

3. 输精方法

母牦牛输精方法有开膣器输精法和直肠把握子宫颈输精法。目前，牦牛的人工授精主要采取直肠把握子宫颈输精法，此法优点是方法简单、安全，可对子宫角、卵巢进行直肠检查。直肠把握子宫颈输精法受胎率比开膣器法高。

具体方法：将牛尾系到直肠把握手臂的同侧，露出肛门和阴门。按直肠检查法将左手伸入直肠内，掏出过多的宿粪，握住子宫颈后端，压开阴门裂，右手持输精导管插入阴门，先向上倾斜避开尿道口，到达子宫体底部。左手前移，用食指抵住角间沟，一则确定输精导管前端的位置，二则防止用力过猛刺破子宫壁。然后将输精导管往后拉2厘米，使导管前端处于子宫体中部，将导管内精液推入输精导管，抽出后，左手顺势对子宫角按摩1~2次，但不要挤压子宫角。

4. 输精操作要点

（1）准确的发情鉴定是做到适时输精的重要保证，输精或自然交配距排卵的时间越近，受胎率越高。输精要适时，正确观察母牦牛接受试情公牦牛的时间，每个发情期输精两次，以早、晚输精为好。

（2）细管输精枪的使用。将解冻后的精液细管棉塞端插入输精枪推杆0.5厘米深处，然后推杆退回1~2厘米，剪掉细管封口部，外面套上塑料保护套，内旋塑料外套并使之固定，塑料套管中间用于固定细管的游子应连同细管轻轻推至塑料管的顶端，轻缓推动推杆见精液将要流出时即可输精。另有一种简易日式输精枪，用带螺丝枪头固定细管，不需要用塑料外套保护细管。

（3）输精人员手臂必须先涂一薄层润滑剂，或套上专用长臂手套，涂抹液体石蜡。采用直肠把握子宫颈深部输精法。输精人员一只手伸入直肠内，摸找并稳住子宫颈外端，用手肘压开阴裂；另一只手将输精器插入阴道，向上倾斜避开尿道口，再转平直向子宫颈口，借助伸入直肠内的一只手固定和协同动作，将输精器轻稳缓慢地插入子宫颈螺旋皱裂，徐徐地把精液输入子宫颈内，或子宫颈口深处，做到输精器"适深""慢插""轻注""缓出"，防止精液逆流。

（4）检查每头发情母牦牛每次输精用一个剂量的冻精，一支输精器（枪），一次只限于一头母牦牛输精使用。输精之前必须抽查同批次的精子活力，不达标准的不能使用。

（5）登记配种前的母牦牛要逐头登记，妥善保存，登记表格包括下列内容：

牛号、冻精来源；母畜的畜主、住址、发情时间及征状；母牛月龄、输精时间（第一次、第二次）；预产期、胎次、犊牛性别、初生重、特征等。

5. 影响牦牛人工授精受胎率的因素

人工授精受胎率的高低主要取决于精液品质、输精时间、输精技术和输入的有效精子数。

（1）精液品质。影响精液品质的主要因素是公牦牛的体况和遗传性能，对公牦牛加强管理和进行科学的饲养是保证获得优质精液的先决条件。鲜精品质的好坏与受胎率的高低有直接的关系。掌握正确的采精、稀释、降温、冷冻、保存和解冻的方法和技术，是减少精子死亡和损伤、保证精液品质优良的重要环节。

（2）母牦牛的状态、输精时间及输精次数。体况良好的适龄母牦牛一般发情表现相对明显，排卵正常，容易确定输精时间，也容易受胎，不易发生早期胚胎死亡。在母牦牛排卵前适当时间输精可提高受胎率。

（3）输精技术和输入的有效精子数。每次输的精子数直接与输精部位有关。给牦牛输精时，在子宫颈口部输精，精液容易外流，最少需要1亿个以上的精子；如果在子宫颈深部或子宫内输精，500万～1 000万个精子即可达到良好的受胎率。

（4）技术水平。输精员水平的高低可反映到受胎率上，人工授精技术必须严格遵守卫生消毒制度和操作规程。

6. 提高牦牛人工授精效率的技术措施

（1）保证生产优良品种的精液。优良牦牛品种的精液是保证受精和早期胚胎发育的重要条件。因此，在生产中对种公牛的选择、饲养管理和使用，都要制定严格的制度。对于精液品质进行检查时，不仅要注意精子的活率、密度，还要做精子形态方面的分析，这种分析既可以发现某些只通过一般活力检查所不能发现的精子形态缺陷，也可以借助精液中精子形态的分析了解和诊断公牛生殖机能方面的某些障碍。在发情母牦牛输精前，都要对精液品质做细致检查，以保证精液的质量。

（2）加强饲养管理，确保母牦牛繁殖生理正常。饲养管理的好坏直接影响牦牛的生产性能。合理解决高山草原牧草生产与牦牛生产之间的季节不平衡，在牦牛生产中主要是在冷季保持最低数量的畜群，以减轻冷季牧场和补饲所需饲料的压力，使冷季牧场的贮草量（加上补饲）与牛群的需草量大致平衡。在暖季，充分发挥由牦牛直接利用暖季内牧草的生长优势，合理组织四季放牧，从而在发情配种季节使母牦牛具有适当的膘情，保证正常的发情生理机能，促进牦牛正常发情和配种。

（3）准确的发情鉴定。准确掌握母牦牛发情的客观规律、适时配种是提高受胎率的关键。母牦牛的发情，具有其他牛种的一般征兆，但不如其他牛种明显、强烈。相互爬跨、阴道黏液流出量、兴奋性等均不如其他牛种母牛。一般来说，输精或自然交配距排卵的时间越近，受胎率越高。准确的发情鉴定是做到适时输精的重要保证。牦牛的发情鉴定主要采用试情法，在母牦牛群中投放试情种公牛，公、母牛的比例要适中〔以1∶（30~50）为宜〕。种公牛比例偏少会影响试情效果，偏多则会造成牛群不安。根据爬跨程度和受配母牛外阴表征及放牧员观察三者相结合，及时准确地确定发情母牛。

（4）母牦牛的保定。牦牛性情暴躁，对散养牛群中的个体进行保定时，要经过个体捕获、保定等过程，牛和人都要经过大运动量的活动，对人和牛都存在一定的不安全因素，所以牦牛保定时注意人和牛的安全是十分必要的。将发情母牦牛牵入保定架后，要拴系和保定好头部，左右两侧（后躯）各有一人保定，防止牛后躯摆动。保定不当或疏忽大意，容易造成事故。保定稳妥后，方可输精。草原上使用的配种保定架，以实用、结实和搬迁方便为好。四柱栏比较安全，且方便操作。栏柱夯埋在地下约70厘米，栏柱地上部分及两柱间的宽度依当地牦牛体型大小确定。也可以利用二柱栏进行牦牛保定，此法易于牦牛的牵拉与绑定。

（5）适时输精。牦牛的人工授精技术要求严格、细致、准确，做到输精器"慢插""适深""轻注""缓出"。消毒工作要彻底，严格遵守技术操作规程。在生产实际中，如上午发现母牦牛发情，下午或傍晚输精一次，翌日清晨再输配一次；如下午发现发情，就翌日清晨输配一次，下午或傍晚再输配一次。一次发情输精两次，间隔10~12小时。

第五节　牦牛的妊娠诊断技术

牦牛的妊娠诊断是借助妊娠后母牦牛所表现出的各种变化征状，从而判断其是否妊娠以及妊娠的进展情况。在临床上进行早期妊娠诊断的意义重大，对于牦牛的保胎、减少空怀、提高繁殖率、有效实施牦牛生产经营管理等相当重要。

通过妊娠检查，对确诊已妊娠的母牦牛，应加强饲养管理，合理饲喂，以保证胎儿发育，维持母体健康，避免流产，预测分娩日期和做好产犊准备；对确定未妊娠的母牦牛，应及时检查找出未孕原因，如配种时间和方法是否合适、精液品质是否合格、生殖系统是否患有疾病等，以便及时采取相应的治疗或管理措施，尽早恢复其繁殖能力。牦牛的妊娠期为250~260天，平均为255天。若牦牛怀杂种犊牛

（犏牛犊牛），则妊娠期延长，一般为270~280天。确定妊娠后，根据配种时间和妊娠期即可推算母牦牛预产期。

一、妊娠识别的机理

母牦牛妊娠的建立从受精卵开始，当受精卵从输卵管进入子宫后，已发育至囊胚阶段。在此期间，早期胚胎必须及时提供生物学信号给母体系统，以表明其在子宫中的出现，并通过阻止黄体溶解或提高黄体功能维持母体血液中孕酮在较高水平，进而使妊娠得以维持，即母体对妊娠的识别。

二、早期妊娠诊断方法

理想的早期妊娠诊断技术应具备以下条件：一是能适用于早期妊娠诊断，在配种后一个发情周期内即可诊断是否妊娠；二是准确率高，对妊娠或未妊娠的诊断率应达85%以上；三是方法要简便快捷，易于掌握和判定；四是对母牛和胎儿均安全无害；五是诊断方法要经济实用，便于推广。

（一）外部观察法

外部观察法包括观察采食与营养状况、胎动、腹部轮廓、乳房等外部表现和在腹壁外触诊胎儿、听取胎儿心音等方面的检查。

1. 视诊

母牦牛妊娠后，性情温驯、安静，行为谨慎；食欲增加，膘情好转，毛色润泽；腹围增大，腹部两侧大小不对称，孕侧下垂突出，肋腹部凹陷；乳房逐渐胀大；排粪、排尿次数增加，但量不多；出现胎动，但无规律。

从妊娠母牦牛（4~5个月）后侧观察时，可发现右腹壁突出；青年母牦牛妊娠4个月后乳房发育增大，经产母牦牛在妊娠最后1个月发生乳房膨大和肿胀；妊娠6个月后在腹壁右侧最突出部分可观察到胎动，饮水后比较明显。这种方法的缺点是不能早期确诊母牦牛是否妊娠和妊娠的确切时间。

2. 触诊

触诊指隔着母牦牛腹壁通过触摸的方法诊断胎儿及胎动的方法，凡触及胎儿者均可诊断为妊娠。这种方法只适于妊娠后期。

早晨饲喂之前，用弯曲的手指节或拳在右膝腹壁的前方，欣部下方，推动腹壁来感触胎儿的"浮动"。由于牛腹壁松弛较易看到胎动，通常是在背中线右下腹壁出现周期性、间歇性的膨出，在腹壁软组织上感触到一个大的、坚实的物体撞击腹壁。10%~50%母牦牛于妊娠6个月、70%~80%于妊娠7个月、90%以上于妊娠8个月可感触到或观察到胎动。

3. 听诊

听诊指隔着母牦牛腹壁听取胎儿心音，妊娠6个月后，在安静场所，可由右肷部下方膁壁内侧听取。胎儿心音数均比母牦牛多2倍以上。

（二）直肠检查法

直肠检查法就是隔着直肠壁触诊母牦牛生殖器官形态和位置变化，进行妊娠诊断的一种方法，也就是隔着直肠壁触诊子宫、卵巢及其黄体变化，以及有无胚泡（妊娠早期）或胎儿的存在等情况来判定是否妊娠（图3-9）。目前这是对母牦牛妊娠诊断既经济又可靠的一种方法。

直肠检查的优点是在整个妊娠期间均可应用，妊娠20天以后可触诊。40~60天即可确

图3-9　兽医对牦牛进行直肠检查

诊；诊断时间准确，并能大致确定妊娠时间；可发现假妊娠、假发情、生殖器官疾病及胎儿存活等情况；所需设备简单，操作简便，容易掌握。

1. 直肠检查的方法

（1）检查人员事先将指甲剪短、磨光，并戴上乳胶手套或塑料薄膜长筒手套，将手和臂部洗净并消毒，再涂上润滑剂。

（2）将被检母牦牛保定于保定栏内，尾巴拉向一侧，使肛门充分露出，并用温开水将肛门及其附近擦洗干净。

（3）检查人员站在被检母牦牛的后方，用涂有润滑剂的手抚摸肛门，然后手指并拢呈锥状，缓缓地以旋转动作插入肛门，再逐渐伸入直肠。如果直肠内有宿便，应少量分次掏完。在宿便较多时，可用手指扩张肛门，放入空气，并用手轻推粪便加以刺激，使粪便自行排出；或者将伸入直肠的臂部上抬，手心向下，用手轻轻向外扒粪便。

（4）排出宿便之后手向直肠深部慢慢伸进，当手臂伸到一定深度时（达骨盆

腔中部），就可感觉到活动空间增大，肠壁的松弛程度也比直肠后段大，这时可触摸直肠下壁，检查子宫变化。

（5）检查时动作要轻、快、准确，检查顺序是先摸到子宫颈，然后沿着子宫颈触摸子宫角、卵巢，最后是子宫中动脉。

2. 牦牛妊娠期子宫和卵巢的形态变化

（1）妊娠30天。子宫颈紧缩，质地变硬；孕侧子宫角基部稍有增粗，质地变得松软，触摸时反应迟钝，不收缩或收缩微弱，稍有波动感；非孕侧子宫角则反应明显，触摸即收缩，有弹性，角间沟仍明显。排卵侧卵巢体积增大，黄体稍变硬并突出于卵巢表面。

（2）妊娠60天。孕侧子宫角比非孕侧角增粗1~2倍，波动明显，角间沟已不明显，但子宫角基部仍能分清两角界限。胎儿形成，长6~7厘米。

（3）妊娠90天。子宫颈向前移至耻骨前缘，子宫开始下垂到腹腔，孕角波动明显，有时还可摸到胎儿，在胎膜上可以摸到蚕豆大小的子叶。一般还可摸到子宫中动脉有特异搏动，这一特征是牦牛妊娠的重要依据。

（4）妊娠120天。子宫垂入腹腔，子宫颈越过耻骨前缘，触摸不清子宫的轮廓形状，只能摸到子宫内侧及该处明显突出的子叶。偶尔摸到胎儿，子宫动脉的妊娠脉搏明显可感。

（5）妊娠150天。全部子宫增大，沉入腹腔底部。由于胎儿迅速发育增大能够清楚地触及胎儿。此时子宫动脉变粗，妊娠脉搏十分明显。空角侧子宫动脉尚无或稍有妊娠脉搏，摸不到卵巢。

（6）妊娠180天至分娩前。胎儿增大，位置移至骨盆前，能触及胎儿的各部位和感受到胎动，两侧子宫动脉均有明显的妊娠脉搏。

（三）阴道检查法

妊娠后期母牦牛阴道发生相应变化，阴道检查法主要是通过观察阴道黏膜的色泽、黏膜状况、子宫颈的状况等，确定母牦牛是否妊娠。

妊娠时母牦牛阴道收缩紧张，阴道黏膜苍白、无光泽，黏液量少而黏稠在3~4个月后黏液增多混浊，呈灰黄色或灰白色，而且多聚集在子宫颈口附近。子宫颈收缩紧闭呈苍白色，有黏稠的黏液塞封住子宫颈口。

如果妊娠母牦牛阴道有病变，阴道不表现妊娠征兆。未妊娠母牦牛有持久黄体存在时，阴道可能出现类似妊娠变化，容易导致误诊。因而，阴道检查法只能作为妊娠诊断的辅助方法。操作时要进行严格消毒。

（四）卵巢检查

可与直肠检查相结合进行，手指顺子宫角尖端找到卵巢后，用中指和无名指先将游动的卵巢固定，然后用大拇指触摸卵巢的背侧面，用食指触摸卵巢的顶端感知黄体所处部位。母牦牛妊娠黄体的形状比较复杂和多样化，多为扁椭圆形、半球形突出卵巢表面，少数扁面小，轮廓不太明显。妊娠初期，黄体质地肥厚、柔软、表面光滑，呈生肉感，中后期质地稍硬些，呈熟肉感。

（五）超声波诊断法

实时超声显像法（B超）是把回声信号以光点明暗的形式显示出来，回声强，光点亮，回声弱，光点暗。光点构成图像的明暗规律，反映了子宫内胎儿组织各界面反射强弱及声能衰减规律。当超声仪发射的超声波在母体内传播并穿透子宫、胚泡/胚囊，胎儿时仪器屏幕会显示各层次的切面图像，以此判断牦牛是否妊娠。

超声检查法在畜牧兽医领域的应用始于20世纪60年代中期，最早应用的是A超（幅度调整型超声诊断法）和D超（超声多普勒检查法）。20世纪70年代中期逐渐采用B型超声波。D超妊娠检测准确率最高，但设备价格偏高，已被市场淘汰。A超仍未摆脱手入直肠的操作，且早期妊娠诊断准确率并不高，也已被市场淘汰。手持型B超使用方便，早期妊娠诊断准确率仅次于D超，设备价格相对便宜，是目前使用较为广泛的妊娠检测仪器。同时，B超还具有识别双胞胎并确定胎儿生存状况、胎龄和性别的功能。使用B超需要直肠检查法的操作基础，但配种后18~21天，胎儿发育还不足以使B超捕捉到可信度高的信号强度，所以还未见有早于30天的牦牛B超妊娠检查报道。

（六）激素对抗探试法

激素对抗探试法是根据妊娠母牦牛对某些外源性生殖激素有无特定反应，即母牦牛体内孕激素与外源性生殖激素的对抗作用来判断是否妊娠。母牦牛在配种后2~3天，肌内注射雌激素，观察是否引起再次发情，如无发情现象，说明已妊娠。

第六节　牦牛的分娩助产技术

一、母牦牛分娩的预兆

母牦牛分娩前，在生理、形态和行为上发生一系列变化，以适应排出胎儿及哺育犊牛的需要，通常把这些变化称为分娩预兆。从分娩预兆可以大致预测分娩时间。

（一）体温变化

母牦牛妊娠7个月开始体温逐渐上升，可达39℃至产前12小时左右，体温下降0.4~0.8℃。

（二）乳房变化

母牦牛妊娠进入中后期时，在卵巢和胎盘分泌的雌激素和孕激素的作用下，乳腺和乳房逐渐发育，乳房增大。分娩前，由于催乳素的作用，母牦牛乳房更加膨胀、增大，有的并发水肿，并且可由乳头挤出少量清亮胶状液体或少量初乳；至产前2天内，不但乳房极度膨胀、皮肤发红，而且乳头中充满白色初乳，乳头表面被覆一层蜡样物，由原来的扁状变为圆柱状。有的牛有漏乳现象，乳汁成滴、成股流出，漏乳开始后数小时至1天即分娩。

（三）骨盆韧带变化

骨盆韧带在临近分娩时开始变得松软，一般从分娩前1~2周即开始软化。产前12~36小时，荐坐韧带后缘变得非常松软，外形消失，尾根两旁只能摸到一堆松软组织，且荐骨两旁组织明显塌陷。初产牛的变化不明显。

（四）软产道变化

子宫颈在分娩前1~2天开始胀大、松软；子宫颈管的黏液软化，流出阴道，有时吊在阴门之外，呈半透明索状；阴唇在分娩前1周开始逐渐柔软、肿胀、增大，一般可增大2~3倍，阴唇皮肤皱襞展平。左右摆尾时阴门易裂开，阴道黏膜潮红，卧下时更为明显。

二、分娩过程

分娩是母牦牛借子宫和腹肌的收缩，把胎儿及其附属膜（胎衣）排出体外。分娩过程指子宫开始出现阵缩到胎衣完全排出的整个过程。

根据临床表现可将分娩过程分为3个连续时期，即子宫开口期、胎儿产出期和胎衣排出期。

（一）子宫开口期

子宫开口期指从子宫阵缩开始，到子宫颈充分开大或充分开张与阴道之间的界限消失为止。阵缩即子宫间歇性的收缩。开始时收缩的频率低，间隔时间长，持续阵缩时频率加快，随着分娩进程的加剧，收缩频率加快，收缩的强度和持续的时间增加，以至每隔几分钟收缩一次。

母牦牛会表现出轻微不安、时起时卧、食欲减退、时吃时停、转圈刨地、回头顾腹、尾根抬起，常有排尿姿势。放牧母牦牛有离群现象，寻找不受干扰的地方等待分娩。

（二）胎儿产出期

胎儿产出期指从子宫颈充分开大，胎囊及胎儿的前置部分楔入阴道，或子宫颈亦能充分开张，母牦牛开始努责，到胎儿排出或完全排出为止。努责指膈肌和腹肌的反射性和随意性收缩，一般在胎膜进入产道后出现。胎儿产出期，阵缩和努责共同发生作用，但努责是胎儿产出的主要动力。努责比阵缩出现得晚，停止得早。

母牦牛表现极度不安，急剧起卧，前蹄刨地，有时后蹄踢腹，回顾腹部，嗳气，拱背努责。卧下破水后，呈侧卧姿，四肢伸直，腹肌强烈收缩。当努责数次后，休息片刻，然后继续努责，脉搏、呼吸加快。

由于母牦牛强烈阵缩与努责，胎膜带着胎水被迫向完全开张的产道移动，最后胎膜破裂，排出胎水，胎儿随着母牦牛努责不断向产道内移动。在努责间歇时，胎儿又稍退回子宫，但在胎头楔入盆腔之后，则不再退回。产出期，胎儿最宽部分的排出时间最长，特别是头部。头部通过盆腔及其出口时，母牛努责最强烈，常哞叫。在头露出阴门以后，母牦牛往往稍微休息。胎儿如为正生，母牦牛随之继续努责，将其胸部排出，然后努责即骤然缓和，其余部分也能迅速排出，脐带亦被扯断，仅将胎衣留在子宫内。这时母牦牛不再努责，休息片刻后站起，以照顾新生犊牛（图3-10）。

图3-10　母牦牛舔舐新生犊牛

（三）胎衣排出期

胎衣排出期指从胎儿排出后算起，到胎衣完全排出为止。其特点是当胎儿排出后，母牦牛即安静下来，经过几分钟后，子宫主动收缩，有时还配合轻度努责而使胎衣排出。胎膜排出较慢，一般需要10小时以上。

三、分娩助产技术

（一）正常分娩时的助产

母牦牛正常分娩时，一般不需要人为帮助，助产人员的主要任务是监视分娩情况和护理犊牛。因此，当母牦牛出现临产征兆时，助产人员必须做好临产处理准备，实施助产保证牦牛犊牛顺利产出和母牦牛安全。

（二）助产前的准备

1. 产房

对产房的一般要求是宽敞、清洁、干燥、安静、阳光充足、通风良好、无贼风、配有照明设备。产房在使用前要进行清扫消毒，并铺上干燥、清洁、柔软的垫草。

2. 器械及用品

在产房内应事先准备好常用的接产药械及用具，并放在固定位置，以便随时取用。常用的药物和器械包括70%酒精、5%碘酊、1%来苏尔、催产药物等，注射器、针头、棉花、纱布、常用产科器械、体温计、听诊器、产科绳。常用的用品有细绳、毛巾、肥皂、脸盆、大块塑料布，助产前必须准备好热水。

3. 助产人员

助产人员应受过训练，熟悉母牦牛分娩规律，严格遵守助产操作规程及必要的值班制度。

（三）助产方法

当母牦牛表现不安等临产征兆时，应使产房内保持安静，确定专人注意观察。助产工作应在严格遵守消毒的原则下，按照如下步骤进行。

1. 消毒

将母牦牛外阴、肛门、尾根及后臀部用温水、肥皂洗净擦干，再用1%来苏尔消毒母牦牛肛门、外阴部、尾根周围。助产人员手和臂部同时进行消毒。

2. 检查胎儿与产道的关系

母牦牛最好是左侧位着地卧下,以减少瘤胃对胎儿的压迫。当母牦牛开始努责时,如果胎膜已经露出而不能及时产出,应注意检查胎儿的方向、位置和姿势是否正常。只要胎儿胎位和姿势正常,可以让其自然分娩,如有反常应及时矫正。当胎儿蹄、嘴、头大部分已经漏出阴门仍未破水时,可用手指轻轻撕破羊膜绒毛膜或自行破水后,及时将牛犊鼻腔和口腔中的黏液擦去,以便其呼吸。

3. 注意保护会阴与阴唇

胎儿头部通过阴门时,要注意保护阴门和会阴部。尤其当阴门和会阴部过分紧张时,应有一人用两手搂住阴唇,以防止阴门上角或会阴撑破。

如果母牦牛努责无力,可用手或产科绳缚住胎儿的两前肢掌部,同时用手握住胎儿下颌,随着母牦牛努责,左右交替用力,顺着骨盆产道的方向慢慢拉出胎儿。

倒生胎儿应在两后肢伸出后及时拉出,因为当胎儿腹部进入骨盆腔时,脐带可能被压在骨盆底上,如果排出缓慢,胎儿容易窒死亡。手拉胎儿时,注意在胎儿的骨盆部通过阴门后,要放慢拉出速度,以免引起子宫脱出。胎儿产出后发生窒息现象时,应及时清除其鼻腔和口腔中的黏液,并立即进行人工呼吸。

4. 帮助断脐和哺乳

在胎儿全部产出后,首先用毛巾、软草把鼻腔内的黏液擦净,然后把犊牛身上的黏液擦干,多数犊牛生下来脐带可自然扯断。如果没有扯断,可在距胎儿腹部10~12厘米处涂擦碘酊,然后用消毒的剪刀剪断,在断端再涂上碘酊。处理脐带后要称初生重、编号,填写犊牛出生卡片,放入犊牛保育栏内,准备喂初乳。

四、产后母牦牛的护理

分娩和分娩以后,由于产道的开张、胎儿的产出,以及产道和黏膜的损伤,母牦牛体力大量消耗,特别是子宫内恶露的存在,加之母牦牛在这段时间抵抗力降低,为微生物入侵和感染创造了条件。为了使产后母牦牛尽快恢复正常,应对其进行精心妥善的护理。

对产后母牦牛的外阴和臀部要做认真的清洗和消毒,勤换洁净的垫草。供给质量好、营养丰富和容易消化的饲料,一般在1~2周转为常规饲料,注意观察产后母牦牛的行为和状态,发现异常情况应立即采取措施。

(一)子宫恢复

分娩后,子宫黏膜表层发生变性、脱落,原属母体胎盘部分的子宫黏膜被再生的黏膜代替。子宫叶阜的高度降低、体积缩小,并逐渐恢复到妊娠前的大小。在黏膜再生的过程中，变性脱落的子宫黏膜、白细胞、部分血液、残留在子宫内的胎水，以及子宫腺分泌物等被排出，这种混合液体称为恶露。最初为红褐色，继而变为黄褐色最后变为无色透明。牦牛恶露排尽的时间为10~12天。恶露持续时间过长或者颜色异常，有可能存在子宫病变。

随着子宫黏膜的恢复和更新，子宫肌纤维也发生相应的变化。开始阶段，子宫壁变厚，体积缩小；随后子宫肌纤维变性，部分被吸收，使子宫壁变薄并逐渐恢复到接近原来的状态。牛子宫复原的时间为9~12天。

（二）卵巢恢复

母牦牛卵巢上的黄体到分娩后才被吸收，产后第一次发情出现较晚，而且往往只排卵而无发情表现。产后给犊牛哺乳或增加挤乳次数，会使产后发情排卵的时间延长。

五、新生犊牛的护理

（一）保证犊牛呼吸畅通

胎儿产出后，立即擦净口腔和鼻孔的黏液，观察呼吸是否正常。若无呼吸，应立即用草秆刺激鼻黏膜，或用氨水棉球放在鼻孔上，诱发呼吸反射；也可将胶管插入鼻腔及气管内，吸出黏液及羊水，必要时可进行人工呼吸。

（二）脐带处理

母牦牛正常分娩时，脐带一般被扯断。应在脐带基部涂上碘酊，或以细线在距脐孔3厘米处结扎，向下隔3厘米再打一线结，在两结之间涂以碘酊后，用消毒后的手术剪剪断，也可采用烙铁切断脐带。

（三）擦干犊牛体表

对于出生后的犊牛，母牦牛一般情况下会舔干其体表，通过舔吮可以减少犊牛热量的散失，也有利于牦牛母仔感情的建立。如犊牛在野外出生，气候又特别寒冷时，应立即人为擦干犊牛体表黏液并采取保暖措施。

（四）尽早吮食初乳

母牦牛产后前几天分泌的乳汁为初乳，分娩后4~7天变为常乳（图3-11）。初乳营养丰富，并含有大量免疫抗体对于犊牛提高抗病能力十分必要。因此，待体表被毛干燥后，犊牛即试图站立，此时即可吮乳。对于母性不强者，应辅助犊牛吮食初乳。

图3-11 牦牛犊牛吮食母乳

（五）检查胎衣

胎衣排出后，应检查是否完整，并及时移走处理，防止母牦牛吞食胎衣。

第七节　牦牛的繁殖管理技术

一、繁殖力的概念

繁殖力指牦牛在正常生殖机能条件下，生育繁衍后代的能力。种公牦牛的繁殖力主要表现在精液的数量、质量，性欲，以及与母牦牛的交配能力和受胎能力。母牦牛的繁殖力主要指性成熟的早晚、发情周期是否正常、发情表现、排卵数量、卵子受精能力、母牦牛妊娠能力及哺育牦牛犊牛的能力等。

因此，对于母牦牛而言，繁殖力集中表现在其一生、一年或者一个繁殖季节中繁殖后代数量多少的能力。对于牦牛产业来讲，繁殖力就是生产力，直接影响着牦牛产业水平的高低和发展。

二、影响高海拔地区牦牛繁殖力的因素

影响牦牛繁殖力的因素较多，牦牛的遗传因素、其所处的生态环境和饲养管理条件、过度挤乳和犊牛长时间哺乳是影响牦牛繁殖的主要因素。此外，还有光照、

配种、营养等因素也会影响牦牛的繁殖力。

（一）遗传因素

遗传因素对繁殖力的影响，因品种不同及个体差异表现十分明显。公牦牛精液的质量和受精能力与其遗传因素有着密切关系，而精液品质和受精能力是影响受精卵数目的决定性因素。母牦牛排卵数量多少首先取决于其遗传因素。

（二）年龄因素

牦牛一般自初配适龄起，繁殖力会随着分娩次数或者年龄的增加而不断提高，以青壮年期最高，随后逐渐下降。

（三）环境因素

牦牛是青藏高原等高海拔地区特有的遗传资源，其生活地区海拔高、高寒缺氧、昼夜温差大、牧草生长期较短。在严酷生态环境条件下生存的牦牛，环境条件改变了牦牛的繁殖过程，使其可以在极其粗放的饲养条件下生存并繁衍后代，具有极强的生活能力，耐粗饲，耐严寒。

1. 环境温度

在青藏高原高海拔地区，每年6月后，气温升高，7—8月是母牦牛发情的旺季，10月以后气温逐渐开始下降，发情也逐渐减弱。

2. 海拔高度

在青藏高原海拔2 000～3 000米的地区，牦牛配种时间集中在6月至8月初；海拔3 000～4 000米的地区，牦牛配种时间集中在7月至9月初。

3. 日照时长

随日照时长的季节性变化，牦牛表现出季节性发情，一般情况下，6—11月为发情季节，其中7—9月为发情旺季。

（四）营养因素

营养是影响牦牛繁殖力的主要因素，是牦牛繁殖力的物质基础。每年配种季节到来时，母牦牛的膘情、体况较差，营养水平跟不上，营养不足会延迟青年母牦牛初情期的到来，致使成年母牦牛发情抑制、发情不规律、排卵率降低、乳腺发育迟缓，甚至会增加早期胚胎死亡、死胎和初生犊牛的死亡等。

（五）健康因素

牦牛的健康对繁殖力也有一定的影响，如生殖器官疾病、体内和体外寄生虫病、布鲁氏菌病及其他疫病等，均会不同程度地影响牦牛的繁殖力。

（六）其他因素

牦牛繁殖力受其他因素影响也很大，比如放牧与饲养管理、种公牛的质量和配种能力、配种制度和时间、犊牛的断乳时间和断乳方式、过度挤乳、卫生设施、牛群基础设施建设等，影响繁殖母牛抓膘复壮和发情配种，均能对牦牛的繁殖力产生直接影响。

三、提高高海拔地区牦牛繁殖力的技术措施

从以上各类影响牦牛繁殖力的因素可以看出，在牦牛产业发展过程中，必须重视种用公母牦牛的数量、质量和繁殖能力，强化牦牛科学饲养管理技术的推广和应用，否则会严重影响牦牛的繁殖力。

（一）种公牛的选择

牦牛群体遗传潜力的高低，取决于高产基因型在群体中所占的比例。从生物学特性和经济效益角度考虑，对牦牛本品种选育核心群或人工授精用的种公牦牛，要严格要求，进行后裔测定并观察其后代表现。

种公牦牛的选择原则：一看其血统，二看其本身。选择方法是1周岁时初选，2周岁时再选，3~4周岁时定选。定选后的种公牦牛，放入母牦牛群中进行试配，不合格者再淘汰。

（二）母牦牛的选留

要拟定选育指标，突出重要性状，不断留优去劣，及时淘汰老龄母牦牛，以及品质差、发育不良、母性不强、产犊晚和连续流产的母牦牛。对于新投入生产的初配牛群中发育不良、体格较小及体型较差的个体也予以淘汰。

只要在母牦牛中选优去劣，及时淘汰有遗传缺陷的母牛，牦牛群体就会在外貌、生产性能上具有较好的一致性，牦牛群体生产性能和繁殖性能就会得到提高。

（三）加强饲养管理

在牦牛放牧与日常管理中，要合理安排和利用草场，提高饲养管理水平，确保营养全面，在冬春季节坚持每天饮水一次，饮用的水一定要干净清洁，严格避免使用有毒有害饲草料，切实保证牦牛维持、生长和繁殖的营养供给。要抓好产犊母牦牛的复壮，制订科学合理的繁殖计划，对于经产母牛应做好犊牛适时断乳，避免过度挤乳，从而促使母牦牛早发情、早配种。

同时，还要加强牦牛饲养环境的控制。除棚圈选址和牛舍建筑要充分考虑环境

因素外，注意日常牦牛舍及其周边卫生，在冬季还要注意牦牛的防寒保暖。

（四）控制牦牛繁殖疾病

1. 控制种公牦牛繁殖疾病

主要目的是通过预防和治疗种公牦牛繁殖障碍，提高种公牛的交配能力和精液品质，最终提高母牦牛的受胎率和繁殖率。

2. 控制母牦牛的繁殖疾病

母牦牛繁殖疾病主要包括卵巢、生殖道和产科疾病三大类。卵巢疾病主要影响发情排卵从而影响受配率和配种受胎率，某些疾病也会引起胚胎死亡或并发产科疾病。生殖道疾病主要影响胚胎成活和发育，其中一些还会引起卵巢疾病。产科疾病轻则诱发生殖道和卵巢疾病，严重时会导致母牦牛和犊牛死亡。

（五）推广应用繁殖技术

随着牦牛产业的不断发展，传统的繁殖方法已不能适应新时代的要求，因而，必须用人工方法改变或调整其自然方式达到对牦牛整个繁殖过程进行全面有效控制的目的。目前，国内外从母牛的性成熟、发情、配种、妊娠、分娩，直到幼畜的断乳和培育等各个繁殖环节陆续出现了一系列的控制技术。如人工授精-配种控制、同期发情-发情控制、诱发分娩-分娩控制、精子分离-性别控制等技术，这些技术进一步的研究和应用将大大提高牦牛的繁殖力。

因此，在高海拔地区牦牛产业发展中，要提高牦牛繁殖力必须综合多方面的因素考虑，从牦牛的选优选配，到牦牛生长的环境、疫病防控及科学高效的饲养管理等多方面着手，采取系统、全面、合理的综合措施，从而提高牦牛的繁殖力。

第四章 牦牛的放牧管理

第一节 牦牛放牧的牧场划分

放牧场的季节划分是按季节条件或牧草、气候等生态条件来划分的,并不意味着按日历的四季划分或在某一季节只放牧利用一次。由于各地气候和牧场条件等的不同,牦牛产区有的为三季牧场(春季5—6月,夏秋季为7—9月,冬季为10月至翌年4月),大多数只分为冷、暖两季牧场(冷季一般为11月至翌年5月,暖季为6—10月)。

一、冷季牧场

冷季牧场也称冬春季牧场。冷季长达8个月之久。牧场应选留距定居点或棚圈较近且避风或南向的低洼地、牧草生长好的山谷、丘陵南坡或平坦地段,即小气候好,干燥而不易积雪的地段;有条件的地区,还可以在冷季牧场附近留一些高草地或灌木区,以备大雪将其他牧场覆盖时急用。到翌年5—6月,天气变化大,风雪频繁,牦牛处于一年中最乏弱的时期,应在山谷坡地、丘陵地或朝风方向有高地可以挡风的平坦地放牧。一般要求小气候或生态条件较为优越,避风向阳,化雪及牧草萌发较早,牛群出牧、归牧方便的区域。如果年景差或冷季贮草不足,还应增加10%~25%的面积作为后备牧场。

二、暖季牧场

暖季牧场也称夏秋季牧场。暖季是草原的黄金季节。牧草逐渐丰盛,是牦牛恢复体力、增产畜产品、超量采食和增重、为冷季打好基础的季节,也是牧民希望畜产品丰收的季节。暖季牧场要选择当地地势较高、通风凉爽、蚊虻较少、牧草和水源充足的地方。一般将当地因地势较高、远离居民点、降雪时间来临较早、气温低而且变化剧烈、只有暖季才能利用的边远地段作为暖季牧场。要充分利用暖季牧场，尽量推迟进入冷季牧场，以节省冷季牧场的牧草和冷季补饲的草料。

第二节　牦牛的放牧

一、牦牛放牧技术实施

牦牛草原放牧技术关键是制定良好的放牧制度。放牧制度是草地在用于放牧时的基本利用体系，规定了牦牛对放牧地利用的时间和空间上的通盘安排。按放牧方式，可分为自由放牧和划区轮牧。

（一）自由放牧

自由放牧也称无系统放牧或无计划放牧，放牧人员可以随意驱赶牛群，在较大范围内任意放牧（图4-1）。自由放牧的主要方式有以下几种。

图4-1　自由放牧牦牛

1. 连续放牧

在整个放牧季节内,甚至全年在同一放牧地上连续不断地放牧。

优点:便于生产管理。

缺点:草地容易遭受严重破坏。

2. 季节放牧地放牧

将草地划分为若干季节放牧地,各季节放牧地分别在一定的时期放牧,如冬春放牧地放牧和夏秋放牧地放牧。

优点:利于减轻草地压力。

缺点:没有计划利用的因素。

3. 羁绊放牧

用绳将牛腿两脚或三脚相绊,或几头牦牛以粗绳互相牵连,使牛不便走远,在放牧地上缓慢行动。对于挤乳管理或驯化调教的牦牛易采取羁绊放牧。

4. 抓膘放牧

夏末秋初,放牧人员专拣最好的草地放牧,使牦牛在短时间内育肥,以备出栏屠宰。

优点:快速提高牦牛产肉性能。

缺点:造成牧草浪费,且破坏草地,降低草地生产能力。

5. 就地宿营放牧

根据生产生活需要,就地放牧。

优点:牛粪散布均匀,对草地有利,可减轻螨病和腐蹄病的感染,可提高畜产品产量。

(二)划区轮牧

划区轮牧是有计划地放牧。把草原分成若干季节放牧地,再在每个季节放牧地内分成若干轮牧分区按照一定次序逐区采食、轮回利用的一种放牧制度。划区轮牧的主要方式有以下几种。

1. 一般的划区轮牧

把一个季节放牧地或全年放牧地划分成若干轮牧分区,每个分区内放牧若干天,几个到几十个轮牧分区为一个单元,由一个牛群利用,逐区采食,轮回利用。

2. 不同畜群的更替放牧

在划区轮牧中采取不同种类的畜群,依次利用。牛群放牧后的剩余牧草可被羊群利用。

优点：可提高载畜量。

3. 混合畜群的划区轮牧

在一般划区轮牧的基础上，把牛羊混合组成一个畜群，可以收到均匀采食、充分利用牧草的效果。

4. 暖季宿营放牧

当放牧地与圈舍的距离较远时，从早春到晚秋以放牧为主的牛群，每天经受出牧、归牧、补饲、喂水等往返辛劳，可能降低畜产品数量。这时应在放牧地附近设置畜群宿营设备，就地宿营放牧。

5. 永久畜圈放牧

当牛群所利用的各轮牧分区在圈舍附近（0.5~2千米）时，没有超区放牧的缺点，管理方便，可利用常年永久圈舍。

二、放牧牦牛的管理

牦牛的气质属于强健不平衡型，表现粗暴、性野、胆怯、易惊，但合群性强，经训练建立的条件反射不易消失，较能听从指挥。因而，大群牦牛放牧，一般只需一个放牧员，不易发生丢失。根据牦牛易惊的特性，牦牛群进入放牧地后，放牧员不宜紧跟牦牛群，以免牦牛到处游走而不安静采食。为了防止牦牛越界和被狼偷袭，放牧员可选择一处与牦牛群有一定距离，能顾及全群的高地进行守护、瞭望。

控制牦牛群使其听从指挥的方法：放牧员用特定的呼唤、口令声，伴以甩出小石块。用小石块投击离群的牦牛，一般多采用徒手投掷，投掷距离远及数十米。距离较远时也可用放牧鞭投掷。石块的落地，以及它在空中飞行的"嗖嗖"声，和放牧鞭的抽鞭声，都是给牦牛的警告和信号。牦牛会根据石块落地点和声响的来源，判断应该前去的方向。放牧员利用放牧鞭驱使牦牛前进，集合或分散。走远离群的牦牛，听见放牧鞭和飞石的声音，会很快地合群。

牦牛群的放牧日程，因牦牛群类型和季节不同而有区别。总体原则：夏秋季早出晚归，冬春季迟出早归。以利于采食、抓膘和提供产品。

（一）夏秋季放牧牦牛的管理

夏秋季放牧牦牛的管理主要任务是提高牦牛生产性能，增加畜产品产量。

经历了漫长的冬春季节，夏季是草原的黄金季节，牧草逐渐丰盛，是牦牛恢复体力、提高生产力、增加畜产品的季节，也是牦牛超量采食和增重，为下一个冬季打好基础的季节。将牦牛的妊娠、产犊和育肥调节到夏季，有利于充分利用夏季牧草的生长优势，提高牧草-畜产品的转化率，增加畜产品的收获量。

夏秋季要早出牧、晚归牧，延长放牧时间，让牦牛多采食。天气炎热时，中午让牦牛在凉爽的地方反刍和卧息。出牧后由低逐渐向通风凉爽的高山放牧；由牧草质量差或适口性差的牧场，逐渐向牧草质量好的牧场放牧。在牧草质量较好的牧地上放牧时，要控制好牛群，使牦牛成横队采食，保证每头牛能充分采食，避免乱跑践踏牧草或采食不均而造成浪费。夏秋季放牧根据安排的牧场或轮牧计划，要及时更换牧场和搬迁，使牛粪均匀地散布在牧场上，同时减轻对牧场，特别是圈地周围牧场的践踏，并有利于提高牧草产量，减少寄生虫病的感染。

当定居点距牧场2千米以上时就应搬迁，以减少每天出牧、归牧赶路的时间及牦牛体力的消耗。带犊泌乳的牦牛，10天左右搬迁一次，3~5天更换一次牧地。应按牧场的放牧计划放牧，而不应该赶放好草地或抢放好草地，以免每天驱赶牛群为抢好草而奔跑，对牛健康和牧场造成不利影响。

（二）冬春季放牧牦牛的管理

冬春季放牧牦牛的管理主要任务是保膘和保胎。

冬季天然草原处于一年的"亏供"状态，牦牛处于亏食状态，是牛群死亡率最高的季节，因此冬季饲养牦牛要在合理利用草原、提高草原牧草的产草量等措施的基础上，通过调节畜群结构使牛群数量保持最低水平，尽量保持草畜相对平衡。

冬春季放牧要晚出牧，早归牧，充分利用中午暖和时间放牧和饮水。晴天放牧至较远的山坡和阴山；风雪天放牧至避风的洼地或山湾。放牧牛群朝顺风方向行进。妊娠母牦牛避免在冰滩地放牧，也不宜在早晨及空腹时饮水。刚进入冬春季牧场的牦牛，一般体壮膘肥，应尽量选择未积雪的边远牧地高山及坡地放牧，推迟进定居点附近的冬春季牧地放牧的时间。冬春季风雪多，应注意气象预报，及时归牧。

在牧草不均匀或质量差的牧地上放牧时，要采取散牧的方式，让牛只在牧地上相对分散、自由采食，以便牛在较大的面积内，使每头牛都能采食较多的牧草。同时，在冬春季应采取补饲、暖棚培育等措施。冬春季是牦牛一年中最乏弱的时间，除跟群放牧外，有条件的地区还应加强补饲。特别是大风雪天，剧烈降温，寒冷对乏弱牛造成的危害严重，一般应停止放牧，在棚圈内补饲，使牛安全越冬过春。

第三节 牦牛放牧的组织管理

一、畜群结构

家畜的种类不同，其生活条件、牧食习性各有差异。为了减少经营上的困难，只有在分别成群之后，才管理妥善，即使同种家畜，由于年龄、强弱、性别的不同，在采食及管理中，也有其不同的特点，为了使家畜营养均匀，每头家畜都能吃好，使畜群安静，同种家畜也应分群。

畜群组织的原则，应该根据放牧地具体条件，把不同种类、不同品种，以及在年龄、性别、健康状况、生产性能（经济价值）等方面有一定差异的家畜分别成群。一般情况下，牧民采取"大小分群""强弱分群""公母分群"。牦牛合理的畜群结构：母牦牛占85%（1岁母牦牛10%、2岁母牦牛10%、3岁母牦牛10%、成年母牦牛55%）；公牦牛、驮牛占15%（公牦牛5%、驮牛10%）。年龄金字塔式结构能满足生产所需的递补需要，周转合理。

二、作息时间

一般包括放牧、挤乳、饮水、补饲和休息等内容。完全放牧不给补饲的牛群，放牧时间一般不少于10小时，如果放牧16小时仍不能吃饱，则应设法补饲，不能无限延长放牧时间，防止家畜体力过分消耗。暖季应给牦牛补饲食盐，每头每月补饲量为1~1.5千克，可在圈地、牧地设盐槽，供牛舔食，盐槽要防雨淋，还可以制作食盐舔砖，放置于离水源较远、不被雨淋的牧地或挂在圈舍中让牛舔食。根据牦牛特点规定饮水次数，给牦牛饮水，冷季要定时，每天2次，暖季放牧时要有意识放牧到有水源的地方，让牛群自由饮水。全天放牧时间应分2~3段，每吃饱为一段，段与段之间是休息、饮水或补饲的时间。应避开酷暑与严霜期放牧。

三、补饲

（一）干草补饲

在春节出圈转场时，应尽可能加喂些干草或其他补充饲料，使牦牛吃到七八成饱，然后再到放牧地上放牧。以后逐渐减少补饲量，增加放牧时间。

（二）食盐

泌乳期牦牛需盐较多，牧草水分多时也需盐较多，可制成盐砖供牦牛舔食（图4-2）。

图4-2 盐砖

（三）矿物质饲料

矿物质饲料可促进犊牛生长发育，防止妊娠母牛和泌乳母牛的钙、磷缺失。牦牛每天补饲100~200克，可与其他添加剂饲料混合饲喂。

（四）微量元素

微量元素种类很多，但牦牛易缺乏且需补饲的主要有铜、硒、钴等。

1. 铜

牧草中通常应含有不低于5毫克/克的铜。一般缺铜的情况很少发生，但当牧草中钼含量高时，限制了铜的利用，发生牦牛缺铜症，主要症状是牦牛出现腹泻、贫血、骨骼畸形。

2. 硒

牧草中硒的含量应不少于0.1毫克/千克，缺硒可导致维生素E缺乏症、白肌症或肌肉营养不良。防治硒缺乏症可口服或皮下注射硒酸钠。

3. 钴

牧草应含有不少于0.1克/千克的钴，缺钴将使B族维生素的形成受阻，导致牦牛食欲不振、萎靡和消瘦。

四、放牧卫生

（一）驱虫与防疫

驱虫对保障牦牛的健康具有重要作用。通常在出圈和转入舍饲之前，或在出入冬季放牧地之前，应分别进行两次药物驱虫，预防寄生虫病的传播。

（二）称重

为了检查放牧的效果或因选育工作的需要，应当定期检查测定牦牛体重。称重次数不可过多，防止过分干扰牦牛，影响健康。

（三）疾病防治

以豆科牧草为主的草地，或多汁的青绿植物以及早晚牧草附着露水或雨水较多时，牦牛大量采食后，易引起瘤胃食物发酵而患膨胀症，严重时30分钟内即可导致牦牛虚脱死亡，发现膨胀症后，可采用插入胃管排气，同时灌服甲醛溶液或松节油，严重时请兽医诊治。

五、牦牛越冬措施

牦牛因其生活环境的特殊性,即高山草地生态环境的制约,全年营养摄入存在季节性不平衡,全年70%的时间牧草的"供"小于牦牛的"求",也就是漫长的草原冷季,为了保证牛安全过冬,应采取相应的越冬措施。

(一)贮备供冷季补的草料

做好草料贮备,利用划区轮牧的办法留出冷季牧场,收贮足量青干草,有条件的情况下可利用青贮饲料(图4-3)。因地制宜地安排一些饲草生产地,或从农区收购补饲的草料。

图4-3 堆积贮备草料

(二)修建暖棚牛舍

要通盘考虑、合理布局,把棚圈建设同产业化生产相结合。修建暖棚牛舍,做好冬季疫病防治和饲养管理。对原有棚圈要注意维修。冷季牦牛进棚圈之前,要清扫和消毒,搞好防疫卫生。

(三)合理补饲

做好前一个暖季的放牧抓膘工作,高山草原约有3个月的牧草暖季生长期,此时牧草的贮草量大于牦牛的需求量,此时,做好放牧工作,使牦牛在提供畜产品的同时迅速增加体重。在贮备的补饲草料较丰富的情况下,补饲越早,牛减重(或掉膘)越迟。采取对体弱牛多补饲、冷天多补饲、暴风雪天日夜补饲的原则,及早地合理补饲。在冷季虽有补饲草料,也要坚持以放牧为主、补饲为辅的原则,重视放牧工作。

（四）调整畜群结构

冬季来临前要调整畜群结构，及时淘汰弱残牛，出栏育肥牛，保持最低数量的畜群，减少草料压力。

第四节　牦牛放牧的组群

为了放牧管理和合理利用草场，提高牦牛生产性能，对牦牛应根据性别、年龄、生理状况进行分群（图4-4），避免混群放牧，使牛群相对安静，采食及营养状况相对均匀，减少放牧的困难。牦牛群的组织和划分，以及群体的大小并不是绝对的，各地区应根据地形、草场面积、管理水平、牦牛数量的多少，以提高牦牛生产的经济效益为目的，因地制宜地合理组群和放牧。

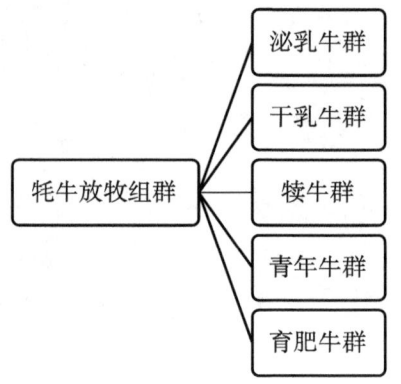

图4-4　牦牛放牧组群分类

一、泌乳牛群

泌乳牛群指由正在泌乳的牦牛组成的牛群，每群100头左右。对泌乳牦牛群，应分配最好的牧场，有条件的地区还可适当补饲，使其多产乳，及早发情配种。在泌乳牦牛群中，有相当一部分是当年未产犊仍继续挤乳的母牦牛，数量多时可单独组群。

二、干乳牛群

干乳牛群指由未带犊牛而干乳的母牦牛，以及已经达到初次配种年龄的母牦牛组成的牛群，每群150~200头。

三、犊牛群

犊牛群指由断乳至周岁以内的牛组成的牛群。幼龄牛性情比较活泼，合群性差，与成年牛混群放牧相互干扰很大。因此，一般单独组群，且群体较小，以每群50头左右为宜。

四、青年牛群

青年牛群指由周岁以上至初次配种年龄前的牛组成的牛群。每群150~200头，这个年龄阶段的牛已具备繁殖能力，因此，除去势小公牛外，公、母牦牛最好分别组群，隔离放牧，防止早配。

五、育肥牛群

育肥牛群指由将在当年秋末淘汰的各类牛组成，育肥后供肉用的牛群。每群150~200头，在牛数量少时，种公牛也可并入此群。对于这部分牦牛，可在较边远的牧场放牧，使其安静，少走动，快上膘。有条件的地区还可适当补饲，加快育肥速度。

第五节 组群牦牛的管理

一、公牦牛

公牦牛放牧管理的好坏，不仅直接影响当年配种和翌年配种任务，也影响后代质量，公牦牛选择对整个牦牛群的改良利用方面有着重要的作用。优良公牦牛优异性状的遗传和有效利用率只有在良好的放牧管理条件下才能充分显示出来，因此必须加强公牦牛的饲养管理。

（一）配种季节的放牧管理

牦牛配种季节一般在6—11月。在配种季节公牦牛容易乱跑，整日寻找和跟寻发情母牦牛，消耗体力大，采食时间减少，因而无法获取足够的营养物质来补充消耗的能量。因此，在配种季节应执行1日或几日补喂一次谷物，豆科粉料或碎料加曲拉（干酪）、食盐、骨粉、尿素、脱脂乳等蛋白质丰富的混合饲料。开始补喂时，牦牛可能不采食，应采取留栏补饲或将料撒在石板上、青草多的草地上诱其采食，待形成条件反射就习以为常了。总之，应尽量采取一些补饲及放牧措施，减少种公牦牛在配种季节体重下降量及下降速度，使其保持较好的繁殖力和精液品质。在自然交配情况下，公、母牦牛比例为1：（15～25），最佳比例为1：（15～20）。

（二）非配种季节放牧管理

为了使种公牦牛具有良好的繁殖力，在非配种季节应和母牦牛分群放牧，与育肥牦牛群、驮牛组群，在远离母牦牛群的放牧场上放牧，有条件的仍应少量补饲，在配种季节到来时达到种用体况。

二、母牦牛

（一）参配母牦牛

参配母牦牛的组群时间，可据当地生态条件，在母牦牛发情前1个月内完成，并从母牦牛群中隔离其他公牦牛。选好参配母牦牛是提高受配、受胎牦牛的关键。选择体格较大、体质健壮、无生殖器官疾病的"巴"（犊牛断乳的母牦牛）和"牙儿玛"（产肉高的母牦牛）作为参配牛，参配牛群集中放牧，及早抓膘，促进发情配种和提高受胎率，也便于管理。参配牛应选择有经验、认真负责的放牧员放牧。准确观察和牵拉发情母牦牛，放牧员、配种员实行承包责任制，做到责任明确，分工合作。

冷冻精液人工授精时间不宜拖得过长，一般约70天即可。抓好当地母牦牛发情时期的配种工作，在此期间严格防止公牦牛混入参配牛群中配种。人工授精结束后，放入公牦牛补配零星发情的母牦牛，这样可以大大降低人力、物力的消耗，提高经济效益。

（二）妊娠母牦牛

妊娠母牦牛的饲养管理十分重要，营养需要从妊娠初期到妊娠后期随胎儿的生长发育呈逐渐增加趋势。一般来说，在妊娠5个月后胎儿营养的积聚逐渐加快，同时，妊娠期母牦牛自身也有相当的增重，所以要加强妊娠母牦牛营养的补充，防止营养不全或缺失造成的死胎或胎儿发育不正常。放牧时要注意避免妊娠母牛剧烈运动、拥挤及其他易造成流产的事件发生。

三、牦牛犊牛

牦牛犊牛出生后，经5～10分钟母牦牛舔干体表胎液后就能站立，吮食母乳并随母牦牛活动，说明牦牛犊牛生活力旺盛。牦牛犊牛在2周龄后即可采食牧草，3月龄可大量采食牧草，随月龄增长和哺乳量减少，母乳越来越不能满足其需要时，促使牦牛犊牛加强采食牧草。同成年牦牛比较，牦牛犊牛每日采食时间较短（占20.9%），卧息时间长（占53.1%），其余时间游走、站立。采食时间短及一昼夜一半以上时间卧息的这一特点，在牦牛犊牛放牧中应给予重视，除分配好的牧场外，应保证所需的休息时间，应减少挤乳量，以满足牦牛犊牛迅速生长发育对营养物质的需要。

（一）哺乳

充分利用幼龄牛的生长优势，从出生到半岁的6个月中，犊牛如果在全哺乳或母牦牛日挤乳一次并随母牦牛放牧的条件下，日增重可达450~500克，断乳时体重可达90~130千克，这是牦牛终生生长最快的阶段，利用幼龄牦牛进行放牧育肥十分经济，所以在牦牛哺乳期，为了缓解人与犊牛争乳矛盾，一般每日挤乳1次为好，坚决杜绝每日挤乳2~3次。尽量减少因挤乳而造成母牦牛系留时间延长，采食时间缩短，母牦牛哺乳兼挤乳，得不到充足的营养补给，体况较差，其连产率和繁活率都会受到较大的影响。

（二）犊牛必须全部吮食初乳

初乳即母牦牛在产犊后的最初几天所分泌的乳，营养成分比正常乳高1倍以上。犊牛吮食足初乳，可将其胚胎期粪排尽，如吮食初乳不够，引起出生后10天左右患肠道便秘、梗塞、发炎等肠胃病和生长发育不良。更重要的是，初乳中含有大量免疫球蛋白、乳铁蛋白、微量元素和溶菌酶等物质，对防止一些犊牛感染，如大肠杆菌、肺炎双球菌、布鲁氏菌和病毒等感染起很大作用。

（三）适时补饲

选是手段，育是目的，如果只选不育是不会收到预期效果的。为了加快牦牛选育的进度，早日收到预期效果，当犊牛会采食牧草以后（出生后2周左右），可补饲粉状饲料、骨粉配制的简易混合料。也可以采用简单的补饲食盐的方法，增加犊牛的食欲和对牧草的转化率。此补饲方法如果不能实现每日补饲，应采取每隔3~5天补饲1次。

（四）改进诱导泌乳，减少犊牛意外伤害

牦牛一般均需诱导条件反射才能泌乳，诱导条件反射为犊牛吮食和犊牛在母牛身边两种，是原始牛种反射泌乳的规律。因此，强行拉走刺激母牛反射泌乳的犊牛时，要注意以免使牛乳呛入牛犊肺内、器官内引起咳嗽，甚至患异物性肺炎，轻者生长发育不良，重者导致死亡。应改为一手拉脖绳，另一手托犊牛股部引导拉开。

（五）及时断乳

犊牛哺乳至6月龄（即进入冬季）后，一般应断乳并分群饲养。如果一直随母牦牛哺乳，幼牦牛恋乳，母牦牛带犊，均不能很好地采食。在这种情况下，母牦牛除冬季乏弱自然干乳外，妊娠母牦牛就无法获得干乳期的生理补偿，不仅影响到母、幼牦牛的安全越冬过春，而且使母牛、胎儿的生长发育受到影响，如此恶性循环，很难获得健壮的犊牛及提高牦牛的生产性能。为此而对哺乳满6个月的牦牛犊牛分群断乳，对初生迟、哺乳不足月龄而母牦牛当年未孕者，可适当延长哺乳期后再断乳，但一定要争取对妊娠母牦牛在冬季进行补饲。

第五章 牦牛育肥技术

牦牛育肥的主要目的是增加牛肉产量，改善牛肉品质，进而提高经济效益。从生产者的角度而言，育肥是为了使牦牛的生长发育遗传潜力完全发挥出来，使出售时的供屠宰牦牛尽量达到较高的等级，或屠宰后能得到质量多的优质牛肉，而相应投入的生产成本又比较低，使投入产出最佳化，获取最大利益。

第一节 牦牛的选购与运输

一、准备工作

（一）产地调查

调查产地疫情和常发病种类、牛的数量、牛的单价、牛的饲养管理情况、牛的交易市场和交易时间、牛的品种、交通和运输条件等。

（二）与产地畜牧、兽医检疫、工商、税收等部门联系，了解有关规定及收费等要求。

（三）收购费用的种类、额度，有无优惠政策。

（四）牛的称量工具、保定架、待养栏，待养期的草地与饲料情况，工人。

（五）提前在收购产地做好宣传工作，公布收购的办法、标准、牛价等。

（六）资金筹备及缴款方式的确定。

（七）签订相关的收购合同、运输合同、保险合同等。

二、产地检疫工作

运输牛必须持有产地检疫证明,其发放单位为县级农牧部门畜禽防疫检疫机构或驻车站、港口、机场的畜禽防疫检疫机构。

(1)临床检查和实验室检查的内容,包括口蹄疫、结核病、副结核病、布鲁氏菌病、牛肺疫。

(2)临床健康检查,包括牛的食欲、牛的体温、牛的静态和动态的表现。

(3)免疫接种的证件、证件的有效时间。

三、繁殖母牛的选择

繁殖母牛一般选择优良的母牦牛,从年龄划分为带犊母牛、育成母牛、青年母牛和成年母牛,从生理情况划分为空怀母牛、妊娠母牛(图5-1)。

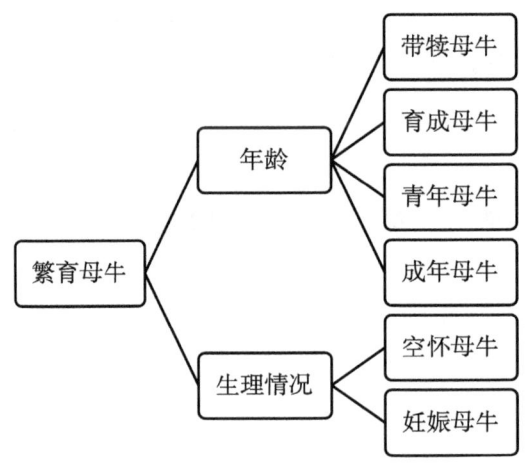

图5-1 繁殖母牛分类

繁殖母牛品种特征明显:生长发育正常,体况中等或中等偏上,被毛好、有光泽,皮肤不厚、有弹性,肢蹄结实、肢势端正,乳房发育良好,泌乳能力强,性情温驯。如果无年龄记录,主要依据牙齿鉴定,一般不选老龄母牛作繁殖母牛。成年母牛要检查有无生殖系统疾病,妊娠牦牛要进行妊娠诊断。

四、架子牛的选择

架子牛要求品种特征明显:生长发育正常,骨架大、肥度一般的牛,育肥效果好;四肢及体较长、十字部略高于体高、后肢飞节高的牛发育能力强。皮肤松弛柔软、被毛柔软密实的牛肉质好。如果无年龄记录,主要依据牙齿鉴定;生产优质高档牛肉的架子牛年龄一般不超过24月龄,老龄牛的育肥效果较差、肉质也差。

五、牦牛膘情的评定

（一）一类膘

一类膘为上等膘。全身丰满，被毛光泽、密长。肋骨、脊椎骨都不显见，腰角、臀端呈圆形。触摸大腿部，肌肉厚实或有弹性。屠宰后的胴体表面布满脂肪，并有一定的厚度，肾脏外部全由脂肪包埋。

（二）二类膘

二类膘为中等膘。全身较丰满，被毛整齐，光泽较差。肋骨、腰椎横突不显见，但腰角及臀端未圆，触摸大腿部肌肉欠厚实。屠宰后的胴体表面未布满脂肪，仅尾根至腰和鬐甲部有一层相连的薄脂肪，内脏脂肪少。

（三）三类膘

三类膘为下等膘。被毛粗而无光泽，骨骼外露明显或肋骨、脊椎骨明显可见，但尻部不塌陷。屠宰后的胴体表面很少有脂肪。

（四）四类膘

四类膘为瘦弱牛，骨瘦如柴，被毛粗乱，全身骨骼，关节明显可见，尻部塌陷。营养状况很差，严重时行动迟缓或四肢站不稳。

六、牦牛的运输

牦牛的运输方式主要有汽车运输和火车运输，运输途中主要是减缓牦牛的应激，防止对牦牛产生伤害甚至造成牦牛死亡。运输前所有手续要齐全，并带好相关证明资料（检疫证明、非疫区证明、防疫注射证明、车辆消毒证明、工商费收费证明、交易费收费证明、牛保种费收费证明等）。

（一）汽车运输

运输前检查车况，要求车况良好，检查车厢，要求车厢内无异物、无尖锐物品，车厢结实；车厢内隔离牛的材料要结实；车厢内铺设垫草或锯末等，防止牛打滑。装车时要有装牛台，便于驱赶牛，赶牛时切忌粗暴、鞭打；保证牛有适当的空间；固定和隔离好各头牛，防止牛滑倒、踩伤。汽车启动要慢，保持中速行驶，不踩急刹、不急拐弯，保证行车安全。夏季防暑，可在夜间行车；冬季防寒；遇大雨、大雪天气停运。

（二）火车运输

根据运输时间，准备好运输途中的饲草、饲料及饮水。车厢内无尖锐物品；车厢地板完好；车厢无异味，尤其没有装运过有毒有害物质。准备一些绳子、铁丝、铁钉、铁锤等常用物品，以备途中使用。一般用木棒将车厢分为三段，两侧为牛的休息处，中间堆放饲草、饲料、饮水等。

装车时与汽车运输一样，要减少对牛的应激，每头要有适当的空间。押运途中要精心看护好牛，保证饮水，提供适量的饲料，保持清洁卫生等，打开车厢的小窗以利于通风。

第二节　育肥牦牛的选择技术

一、品种

不同品种的牦牛其育肥效果存在差异。肉用型，如甘南牦牛、青海高原牦牛；肉乳兼用型，如麦洼牦牛；肉毛兼用型，如天祝白牦牛。不同选育方向的牦牛品种，其育肥效果存在差异。纯种牦牛，如本品种选育的牦牛；改良牦牛，如杂交选育的牦牛；杂种牦牛，如杂交F_1、F_2代牦牛，不同经济类型的牦牛育肥效果也存在差异。

二、性别

在相同的饲养管理条件下，由于公牛体内睾丸激素的作用，其增重最快，犏牛次之，母牛最慢。选择次序是公牛、犏牛、母牛。从经济角度考虑，选择增重快、价格高、市场需求量大的牦牛进行育肥。从选育角度考虑，选择淘汰牛、健康无病的牛；基础母牛、种公牛主要用于选育与生产，应慎选。

三、体况

健康、无病、体质结构良好，体格大而皮肤较薄，体型清晰，宽而不丰满，看上去较瘦的牦牛，其增重潜力大、育肥效果好。

四、年龄与体重

育肥牦牛的经济效益与年龄和体重密切相关,肉质随年龄的增长而下降。年龄3~4岁、体重100~200千克的牦牛育肥效果最佳。从出生至3.5岁牦牛的体重呈直线增长;3.5岁后体重增长缓慢,生长速度也随年龄增加而变慢。体尺的增长速度方面,无论公、母牦牛均呈现前期快、后期慢的规律,主要体尺指标在3.5岁后增长缓慢。从相对生长的角度看,牦牛出生后,随着年龄的增加,其体尺的相对生长率逐渐下降。

五、季节

冬春季节,饲草料严重短缺,牦牛膘情差、价格低,暖棚育肥效果明显。夏秋季节,放牧牦牛饲草料相对丰富,体况好,育肥增长空间相对小。

第三节 牦牛适时出栏技术

牦牛适时出栏的目的是减轻草地压力,保护草地植被,提高牦牛养殖效率及经济效益。应按照低投入、高产出、高收益的原则,确保牦牛适时出栏(表5-1)。

表5-1 适时出栏技术分类

适时出栏技术	目的	优点
犊牛适时断乳出栏技术	针对犊牛的不同培育目的而建立的一项实用技术,有利于提高母牛的繁殖性能	明显提高牦牛的连产率,方法简单、易行,便于推广
犊牛全哺乳和早期育肥出栏技术	利用杂种优势、幼畜生长发育优势、母乳营养优势及暖季牧草生长优势而建立的一项犊牛肉生产技术	加大犊牛淘汰力度,生产优质小牛肉,增加经济收入;加快犊牛培育速度,降低冬春草场的载畜量,减轻牧工劳动量
牦牛全放牧育肥出栏技术	利用夏秋季牧草丰盛期抓膘,把握好出栏时间,适时出栏	成本低,效益好

一、犊牛适时断乳出栏技术

犊牛适时断乳出栏技术是针对犊牛的不同培育目的而建立的一项实用技术,也有利于提高母牛的繁殖性能。实施牦牛缺期断乳技术可明显提高牦牛的连产率，是保证牦牛一年一胎的有效途径之一，且此方法简单、易行，便于推广。其要点是在实施缺期断乳时，以缺期10天以内为宜。如果时间过长，母牛就会停乳，母牛和犊牛合放后，犊牛因吃不上母乳，在翌年春季容易造成春乏死亡。幼年牦牛提前出栏有利于母牦牛早期发情，及时配种，并有利于母牛翌年产犊。犊牛出栏时间迟，母牛发情时间相应推迟，翌年产犊时间就迟，从而影响犊牛的生长发育。通过对带犊的母牦牛实施隔离断乳，能够明显提高当年产犊母牦牛的发情率和妊娠率。

二、犊牛全哺乳和早期育肥出栏技术

犊牛全哺乳和早期育肥出栏技术是充分利用杂种优势、充分利用幼畜生长发育优势、充分利用母乳营养优势、充分利用暖季牧草生长优势而建立的一项犊牛肉生产技术，具有明显的优越性。在选留半岁公犊牛后，对培育的后备犊牛延长哺乳时间，但在翌年3月必须断乳出栏，否则会影响母牛生产。对淘汰的公犊牛断乳后立刻屠宰，生产犊牛肉。5~7月龄犊牛平均体重77.6千克，其经济价值相当于成年牛的75%。应用该技术一方面加大了犊牛淘汰力度，不仅生产了优质犊牛肉，而且增加了经济收入；另一方面加快了犊牛的培育速度，降低了冬春草场的载畜量，并减轻了牧工劳动量。

三、牦牛全放牧育肥出栏技术

牦牛全放牧育肥出栏技术使用面广，最大的特点是成本低、效益好，体现了季节畜牧业的特征。其要点是充分利用夏秋季牧草丰盛期抓膘，把握好出栏时间，适时出栏。牦牛的适宜出栏年龄为3.5岁，即经历3个冷暖季，在第3个暖季结束时出栏屠宰。实践证明，7—9月放牧育肥，10月出栏效果最好。

第四节　牦牛补饲技术

由于高寒牧区自然生态环境的特殊性，其牧草枯草期较长，饲草料季节性不平衡，导致牦牛生产经济效益欠佳。而补饲技术是提高牦牛繁育效率和经济效益的有效途径之一。

一、季节畜牧业和补饲技术

牦牛产区每年枯草期长达7～8个月，牧草供应季节不平衡，是威胁牦牛安全越冬的关键环节。为了使牦牛安全越冬，应贮草备料，核心群牦牛每头贮草40千克、贮料20千克，在枯草期给母畜和幼畜进行合理补饲。积极推广人工种草，通过夏秋季扩大人工种草面积，提高草业加工和贮备能力。在冬春季合理补饲可以提高牦牛抗逆能力避免掉膘，降低死亡损失。研究不同饲养水平对牦牛犊牛培育的影响，结果表明进入枯草期后实行早期断乳，给予科学合理的精、粗饲料搭配补饲，是解决牦牛犊牛在冷季生长发育受阻、减少乏弱死亡的有效途径之一。

二、产前、产后瘦弱母牛及犊牛的补饲技术

根据牦牛的性别、年龄及生理阶段，制订相应的补饲饲料配方，科学地使用不同成分的饲料。除母牦牛产前、产后固定专用围栏草场单独放牧管理外，实施补饲技术，每天每头提供草料2～3千克、配合饲料0.2～0.3千克，加强瘦弱母牦牛的体质，缩短产犊间隔；对部分犊牛每天每头补饲配合饲料0.1～0.2千克，提高犊牛的繁活率，降低死亡率、增加出栏率，大幅度提高育肥犊牛的胴体重。

三、放牧加补饲育肥技术

此项技术的要点是每年把出栏的牦牛分群以后，白天放牧，早晚补饲少量精饲料和饲草，并根据市场、草场、气候等条件确定适宜的出栏时间。这种放牧加补饲方式的结合，效益较好，且出栏自由，经营灵活，最大的特点是，既能错开牦牛集中出栏上市的高峰期，缓解供求矛盾，又能充分利用冬季牛肉价格开始上涨的时机，达到增收的目的。

四、舍饲补饲育肥技术

舍饲补饲育肥技术的做法是将牧区的老牦牛、驮牛、2～3岁的小龄牦牛收集起来运往农区，利用农区丰富的精饲料和副产品集中育肥，经3～4个月的育肥后出栏。这种育肥方式周转快、效益高、肉质好，而且能随时调整出栏时间，市场销售好，更重要的是减轻了牧区冬春草场压力，避免了冬春牦牛的掉膘和死亡（图5-2）；缺点是投资多、成本高。

将高海拔地区（3 000～4 000米）的牦牛转场到较低海拔（2 000米）的农牧区附近，饲料以麦秸和氨化麦秸为主、混合精饲料为辅，进行短期圈养育肥，能够充分利用农牧区的饲草料，提高牦牛的出栏率。

图5-2　育肥牦牛在舍饲补饲

第五节　牦牛暖棚养殖技术

尽管牦牛有很强的抗逆性，但对其恶劣环境的适应是以降低体重、降低繁殖能力、延长出栏周期为代价的。要实现牦牛养殖业的高产、优质和高效，就必须改变其生存环境。

一、冷季全舍饲暖棚养殖技术

冷季由于寒冷造成掉膘是制约牦牛生产的一个重要因素。据报道，牦牛在冷季采用塑膜暖棚全舍饲养殖及越冬保膘效果十分明显，是缩短饲养周期、降低饲料成本、提高经济效益的有效途径（图5-3）。在冷季，塑膜暖棚内全舍饲的牦牛，不但能克服寒冷、缺草料等因素造成的体质下降，而且保膘效果明显，甚至牦牛体重有增加。因此，加强棚圈建设，推广塑膜暖棚，使牦牛在寒冷枯草季节减少能量消耗，使部分瘦弱、妊娠母牛及犊牛在补饲后有较好的体质，可提高母牛繁殖率，降低犊牛死亡率，提高仔畜成活率。

图5-3 牦牛养殖全舍饲暖棚内部结构

该技术具有一次性投资、多次利用、见效快、使用方便、效益明显等优点,并且能够为高寒地区的牦牛创造了正常生活、生长的小气候环境。

二、冷季放牧加半舍饲暖棚养殖技术

冷季放牧加半舍饲暖棚饲养是一种实用而易于推广的高寒牧区牦牛培育技术。据报道,在冷季2.5周岁牦牛采用"放牧+半舍饲+补饲"饲养210天,可使牦牛减少掉膘18.15%。减少掉膘能使牦牛在青草期尽快恢复体况,暖季更能充分发挥其采食能力强的特性。因此,冬春除放牧外,宜修建保暖性能良好、能通风透气、温湿度适宜、条件优越、投资少、成本低的暖棚,以便牦牛的保暖越冬。

第六章 牦牛高效养殖技术推广

第一节 牦牛高效养殖技术推广点选点要求

所选牦牛高效养殖技术推广点，必须是生态畜牧业专业合作社（图6-1），具备放牧草场（冬春和夏季）、水源、保温棚圈、补饲料槽、水槽等条件。

图6-1 牦牛养殖专业合作产业园区

第二节 母牦牛繁育饲养管理关键技术

一、母牦牛群组建

所选母牦牛为适龄能繁母牛，符合牦牛品种要求，牛群规模在100头以上。公、母牦牛单独组群、分群饲养。对选入的母牦牛进行登记、打耳号、建立档案。

二、配种前补饲

第一次采用高效养殖技术的母牦牛，配种前1个月开始补饲，共补饲2个月。在下午归牧后每头补饲精料补充料0.75千克，每天放牧6小时、饮水2次。整个配种前期，每头母牦牛补饲精料45千克。

三、母牦牛的配种

（一）配种时间

根据各地牧草生长和母牦牛膘情确定配种时间，配种所选种公牦牛必须经过技术单位鉴定，来源为国家良种补贴种公牦牛，等级达到一级以上。

（二）配种方法

采取集中配种方法。断乳当天按公、母牦牛比1∶（20~25）的比例将种公牦牛投放到母牦牛群中，约42天后撤走大部分种公牦牛，保留20%种公牦牛进行补配。

四、母牦牛的饲养

（一）妊娠期

1. 妊娠前期

妊娠前期为7个月，放牧饲养，母牦牛保持中等膘情。

2. 妊娠后期

妊娠后期为2个月，放牧结合补饲饲养，补饲料为母牦牛精料补充料；在每天下午归牧后每头补饲精料补充料0.75千克，每天放牧6个小时，饮水2次。整个妊娠期每头母牦牛补饲精料补充料45千克，对部分体质较差的母牦牛应早补饲。

（二）泌乳期

泌乳期补饲4个月，采用放牧结合补饲的饲养方式，分别在早晨出牧前和下午归牧后每头补饲精料补充料0.75千克，每天放牧6小时、饮水2次。整个泌乳期每头母牦牛补饲精料补充料约180千克。

第三节 犊牛生产技术

一、犊牛早期断乳

（一）断乳要求

牦犊牛断乳时间为3月龄以上，断乳体重必须达到40千克以上。

（二）断乳方法

将适合断乳年龄和体重要求的犊牛进行分批断乳，单独组群饲养。

二、犊牛的饲养

（一）犊牛哺乳期为3个月

自出生15日龄后开始引导补饲，共补饲75天，每天每头犊牛补饲精料补充料0.5千克，总计补饲精料补充料37.5千克。

（二）犊牛育肥期为9个月

断乳后采取全舍饲或放牧加补饲的饲养方式，其中，断乳后第1个月每头犊牛平均每天饲喂精料补充料1千克，共补饲30千克；第2~6个月放牧饲养；第7~9个月舍饲或半舍饲养，每头犊牛平均每天补饲精料补充料3千克，共补饲精料补充料300千克。

犊牛育肥期间，每天饲喂精料补充料2~3次，自由饮水，保证水源清洁、卫生。犊牛精料补充料饲喂量要循序渐进，放牧+补饲时应宜适时调整饲喂量。

三、犊牛饲养日程

犊牛饲养日程见表6-1。

表6-1 犊牛饲养日程

指标	全舍饲	断乳后1个月	牧草旺盛期放牧加补饲	断乳后3个月
精料补充料	8:30、12:00、16:00	8:30、16:00	—	8:00、16:00
青干草	10:00、14:00	17:30	—	17:30
饮水	自由	2~3次	—	2~3次
放牧	—	11:00—16:00	8:00—18:00	10:30—16:00

四、牦牛免疫程序

牦牛免疫程序见表6-2。具体免疫程序可根据当地实际情况进行调整。

表6-2 牦牛免疫程序

免疫时间	疫苗名称	接种方法	免疫期及备注
春防	牛口蹄疫双价苗	肌内注射	6个月，可能有反应
	牛出血性败血症疫苗	皮下或肌内注射	12个月
	牛副伤寒苗	皮下或肌内注射	12个月
	肉毒梭菌灭活苗	皮下或肌内注射	12个月
秋防	牛口蹄疫双价苗	肌内注射	6个月，可能有反应
	无毒炭疽苗	皮下或肌内注射	12个月

第七章 牦牛常见病的防治

第一节 传染病

一、牦牛炭疽

炭疽俗称"沙症",藏语称"沙士菌",是由炭疽杆菌引起的人和多种动物共患的急性、热性、败血性传染病(图7-1)。该菌抵抗力很强,在适宜土壤中可存活几十年。常用0.1%碘液、0.1%汞(加入0.5%盐酸可提高作用)、20%漂白粉进行消毒。该菌对青霉素、磺胺类药物等敏感。

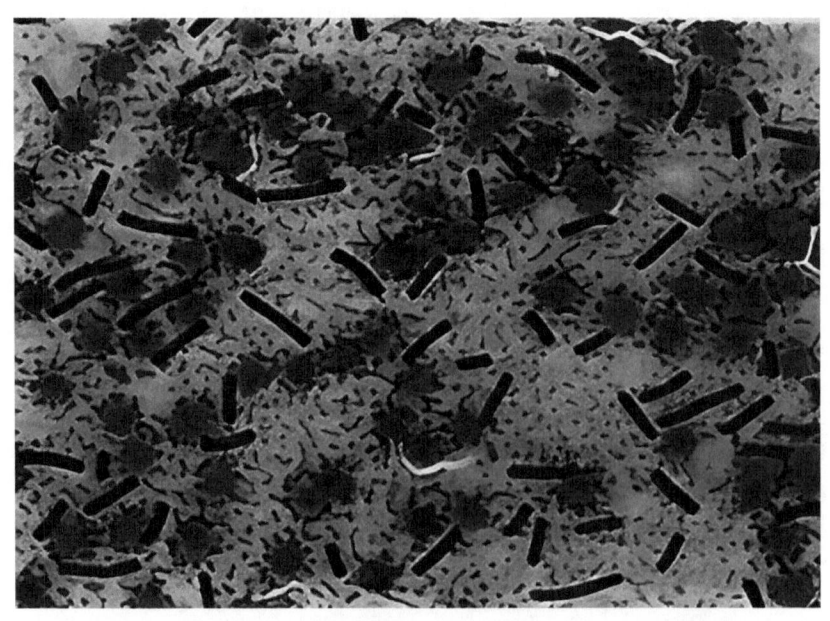

图7-1 患炭疽动物的血液涂片,吉姆萨染色可见大量菌体

（一）症状

该病的潜伏期最长可达14天。发病时体温升高至40~41℃，精神沉郁，食欲减退，可视黏膜呈暗紫色，心动过速、呼吸困难。初便秘、后腹泻带血，尿暗红，有时带有血液，泌乳停止，孕牛流产。急性病例一般经24~36小时死亡。患病死亡牛尸僵不全，尸体迅速腐败而膨胀，天然孔出血，可视黏膜发绀、出血，血液凝固不良、黏稠似煤焦油状（图7-2）。

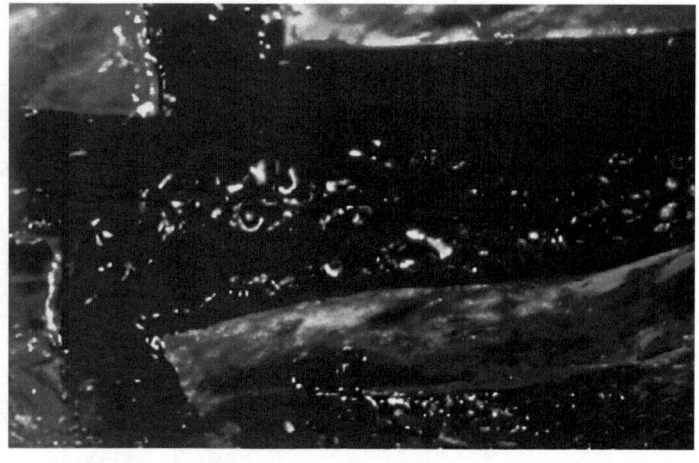

图7-2 炭疽动物血液凝固不良，呈煤焦油状

（二）防控

对疫区和常发地区，每年实施预防接种，用无毒炭疽芽孢苗，接种14天后产生免疫力，免疫期为1年。连续3年无新疫情则可停止接种，但其后应实行长期监测，发生该病立即向有关部门上报。该病尸体严禁剖检，做好兽医人员的个人防护，隔离病牛，对病牛活动场所、病死牛倒毙场所及病死牛剖杀场所和尸体停放场所的土壤严格消毒。尸体应焚毁或加大量生石灰深埋在地面2米以下。发生疫情时，要严格封锁，控制隔离病牛，专人管理，严格搞好排泄物的处理及消毒工作。

二、牦牛布鲁氏菌病

牦牛布鲁氏菌病，藏语称"曲纳"，是由布鲁氏菌引起的一种人兽共患慢性传染病。该菌为兼性厌氧性，对日光和热力较敏感，通常3%来苏尔、0.1%汞、2%石炭酸1小时即可杀死，对氨基糖苷类药物敏感（图7-3）。

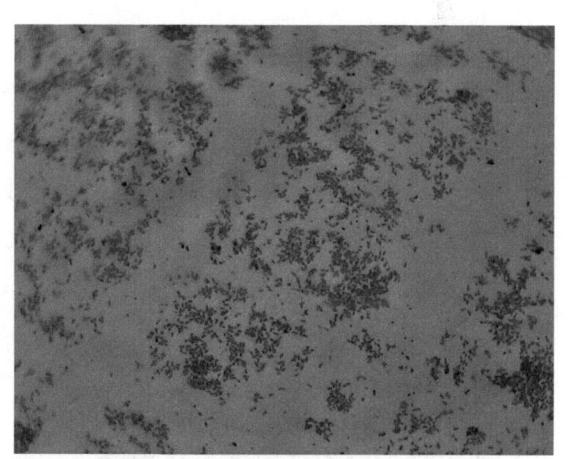

图7-3 布鲁氏菌光学镜下的染色

（一）症状

该病的潜伏期因病原菌的毒力、感染量和感染时牛妊娠期的长短而异，一般在妊娠7~8个月。母牛主要表现为流产，流产后，阴道内流出污秽的灰色或棕红色黏液并伴有恶臭，有时胎衣停滞引起子宫炎（特别是怀孕晚期流产的）

（图7-4）。公牛主要表现为睾丸和附睾发炎、肿胀，有时发生关节炎、滑囊炎和淋巴结肿胀。

图7-4　流产胎牛

（二）防控

该病主要以预防为主，牦牛饲牧人员要加强自身的防护，特别是牦牛发情、配种、产犊季节，要搞好消毒和防疫及检疫工作，检出阳性病牛立即隔离和淘汰。常发疫区每年应使用布鲁氏菌猪型2号弱毒活菌苗或布鲁氏菌M5号菌苗、19号菌苗等进行定期的注射或气雾免疫法预防。在发病时，及时隔离病牛并淘汰。严格消毒，流产的胎儿、胎衣等要深埋。常用的消毒剂有2%～3%来苏尔、石炭酸、氢氧化钠、10%石灰乳，粪、尿采用生物热消毒法进行处理。

三、口蹄疫

口蹄疫是由口蹄疫病毒引起的以偶蹄动物为主的急性、热性、高度接触性传染病。该病毒对外界环境的抵抗力很强。特别是低温环境下病毒污染的饲料、土壤和毛皮传染性可保持数周至数月。病毒对食盐有抵抗力，但对碱、酸、紫外线和热敏感，常用消毒剂有1%～2%氢氧化钠、3%～5%福尔马林、0.2%～0.5%过氧乙酸、0.1%灭菌净等。

（一）症状

有潜伏期，发病时病牛体温升高，精神沉郁，食欲减退，呆立流涎。经1～2天病牛唇部、舌面、齿龈、鼻镜、蹄踵、蹄叉、乳房等部位出现水疱。后期水疱破溃形成边缘整齐，底面浅红的烂斑，逐渐结痂（图7-5）。严重时蹄壳脱落，病牛站立不稳，跛行或卧地不起。

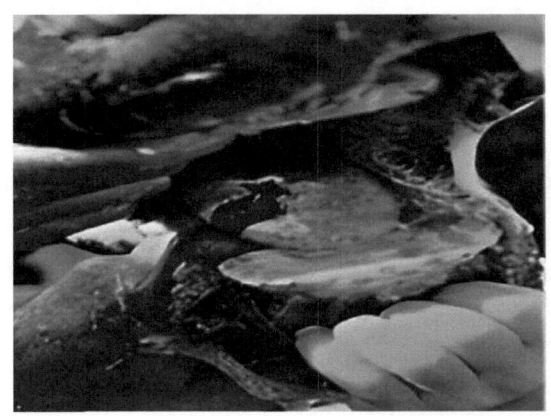

图7-5 口部烂斑和蹄部溃烂

（二）防控

常发地区要定期注射与当地流行的病毒型相一致弱毒苗A型、O型和AO型联苗或灭活苗，口蹄疫亚单位苗和基因工程苗（图7-6）。牦牛在注射疫苗后14天产生免疫力，免疫力可维持4~6个月，免疫阶段要加强营养。发生口蹄疫时，应立即上报疫情，及时采取病料，迅速送检确诊定型，划定并封锁疫点、疫区。

图7-6 对牦牛群进行免疫接种

四、牦牛巴氏杆菌病（牦牛出败）

巴氏杆菌病藏语称"格赫"，又称出血性败血症，是由多杀性巴氏杆菌（图7-7）引起的多种动物共患的一种急性、热性、败血性传染病。以高温、肺炎、急性胃肠炎及内脏器官广泛出血为特征（图7-8），故又称牦牛出血性败血症，简称"牛出败"。

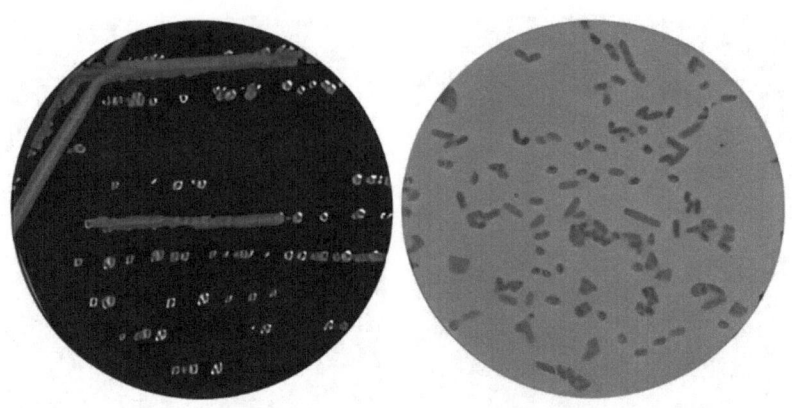

图7-7 巴氏杆菌单菌落和镜检

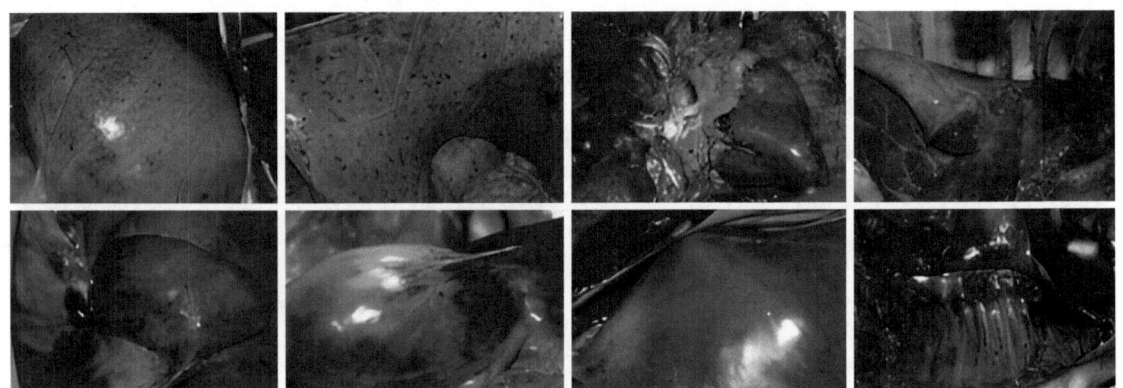

图7-8 内脏器官广泛性出血

（一）症状

1岁以上牦牛发病率较高，分为急性败血型、水肿型和肺炎型。以水肿型为最多。病牛往往因窒息、虚脱而死亡。病程12～36小时。多呈散发性或地方流行性，一年四季均可发生，但秋冬季节发病较多。

（二）防控

早期发现该病除隔离、消毒和尸体深埋处理外，可用抗巴氏杆菌病血清或选用抗生素及磺胺类药物治疗。预防时采用牛出血性败血症疫苗，肌内注射4～6毫升，免疫期为9个月。

五、牦牛结核病

牦牛结核病是由细菌引起的人兽共患慢性传染病（图7-9）。该菌对外界环境的抵抗力很强，在水、干燥痰液、病变组织和尘埃内以及土壤中能存活2～7个月，对热敏感，70~80℃经5~10分钟即可杀死。对消毒药抵抗力较强，常用的有5%石炭酸、5%来苏尔。

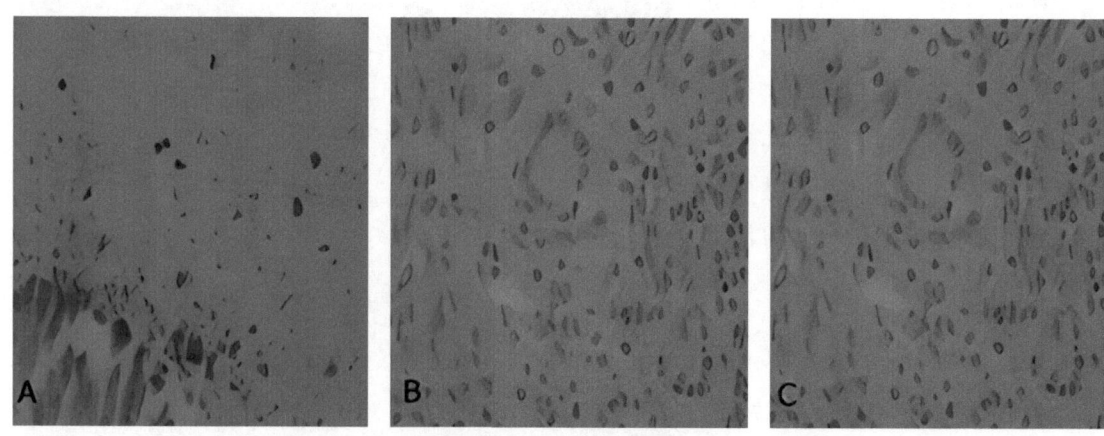

图7-9　成熟结核病变——以典型特殊肉芽肿为特征

注：A、B中，上皮样细胞及多核巨细胞构成中间层；C中，最外层为含大量淋巴细胞，结节中心为干酪样坏死灶。

（一）症状

潜伏期长短不一，长的达数月至数年。病初症状不明显，仅见消瘦、倦怠，随后症状逐渐明显。

肺结核一般表现渐进性消瘦。病初易疲劳，常见短干咳，尤其当起立、运动和吸入冷空气时易发咳嗽。随病情进展，转为湿咳并加重，频繁而痛苦。病牛呼吸加快或气喘，鼻有一些黏性分泌物。

肠结核犊牛多发，主要表现顽固性下痢和迅速消瘦，发生部位多在空肠和回肠。

（二）防控

防控牛结核病应采取加强检疫、防止疫病传入、净化污染群、培育健康牛群等综合性防控措施。

犊牛与病牛隔离喂养或人工喂健康母牛的乳，并在1月龄、6月龄、7.5月龄时进行3次检疫，阳性淘汰，阴性且无临床症状的可放入假定健康牛群，第一年每3个月检疫1次，直到牛群无阳性反应为止，以后再经过1~1.5年检疫1次，连续3次均为阴性的为健康牛群。每年进行2~4次预防消毒，每次检出阳性清除后，都要进行1次大消毒。对受威胁的犊牛可进行卡介苗接种，1月龄时胸部皮下注射50~100毫升，免疫期为1~1.5年。

六、牦牛沙门菌病（牛副伤寒）

牛副伤寒即牛沙门菌病，是主要由沙门菌（图7-10）引起下痢为特征的传染病。该菌对干燥、腐败、日光等具有一定的抵抗力，在外界环境可生活数周或数月，对一般的消毒剂均敏感。

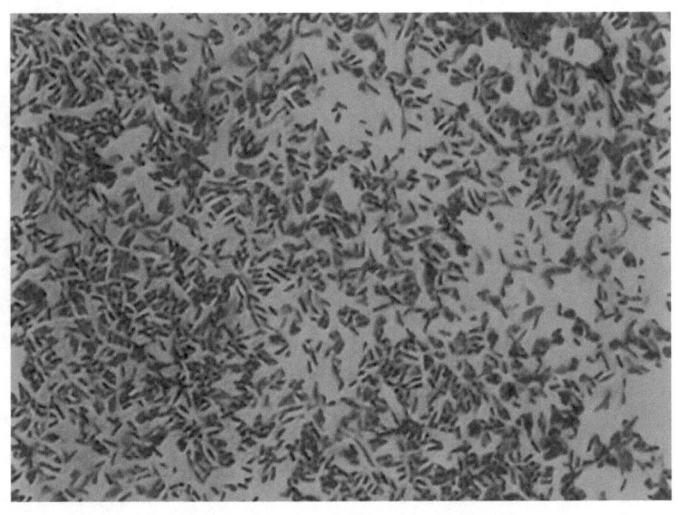

图7-10　沙门菌革兰氏染色

（一）症状

急性发病，体温升高达40~41℃，呼吸急促，咳嗽或表现肺炎症状，流浆性鼻液，后变为黄白色的黏性鼻液；病牛精神沉郁，食欲废绝，24小时后排灰黄色液状粪便（图7-11），混有黏液和血液，恶臭，病程5~7天，病死率一般为5%~10%。

（二）防治

发病时，首先要消除传染源，病牛要隔离治疗，发病初期用青霉素、链霉素、氯霉素配合治疗，也可用特异性免疫血清治疗。同群牛用敏感的抗生素进行预防，并注射牛副伤

图7-11　牛沙门菌病粪便呈灰黄色

寒氢氧化铝灭活疫苗。1岁以下牛注射1~2毫升；1岁以上牛注射2次，每次2毫升（间隔10天），免疫期6个月。加强饲养和卫生管理是预防该病的关键，要对圈舍、用具定期消毒。做好灭鼠工作，保持饲料和水的清洁。在常发地区，分离该区的细菌做成活疫苗，具有很好的预防效果。

七、牦牛犊牛大肠杆菌病

牦牛犊牛大肠杆菌病是由病原性大肠杆菌（埃希大肠杆菌）引起的一种牦牛犊

牛急性传染病。

（一）症状

临床上主要表现为剧烈腹泻、脱水、虚脱及急性败血症（图7-12）。牦牛犊牛大肠杆菌病在牧区普遍存在，多发生于出生后1～4日龄的牦牛犊牛。

（二）防治

预防时注射牛副伤寒氢氧化铝灭活疫苗。1岁以下牛注射1～2毫升；

图7-12　水样、黄色、喷射状腹泻物

1岁以上牛注射2次，每次2毫升（间隔10天），免疫期6个月。国内对犊牛大肠杆菌病的治疗方法颇多。利用高免血清，结合应用抗菌药物（呋喃类药物等）可以获得显著治疗效果。

八、牦牛传染性胸膜肺炎（牦牛牛肺疫）

牦牛传染性胸膜肺炎是由牛丝菌霉形体引起的一种接触性的慢性或亚急性传染病。

（一）症状

该病主要特征是呈现纤维素性肺炎和胸膜肺炎症状（图7-13）。病初只表现干咳、流脓性鼻液，采食及反刍减少，以后随病程发展，病牛日见消瘦，呼吸困难，颈、胸、腹下发生水肿，约1周后死亡。

（二）防治

无特效药物，发病早期用四环素和链霉素有一定的疗效。用牛肺疫兔化绵羊化弱毒冻干菌免

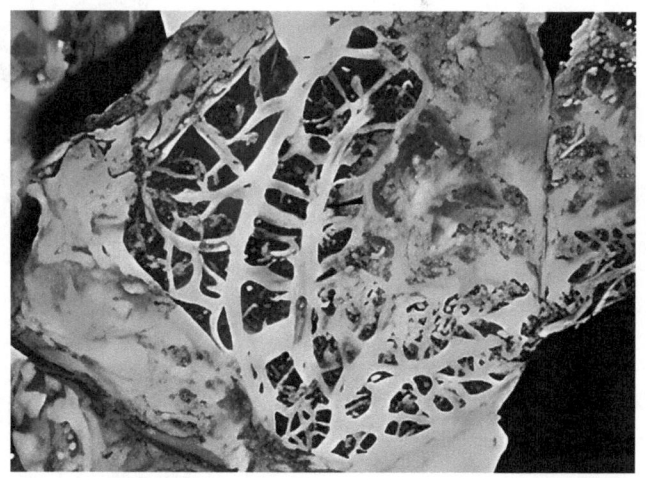

图7-13　纤维素肺炎特征性病理变化——肺部大理石样花纹

疫注射，2岁以下牛注射1毫升，成年牛注射2毫升，肌内注射，免疫期1年。该疫苗在牧区的推广应用，控制了牦牛牛肺疫的发生。

九、牦牛犊牛弯曲菌病

弯曲菌病又称弯曲菌肠炎，是由空肠弯曲菌引起的一种新的人兽共患急性腹泻病，主要危害幼儿和幼畜。

（一）症状

临床上以发热、腹泻、腹痛为主要特征。

（二）防治

氯霉素、四环素、痢特灵等药物均有明显疗效，酸乳和乳清对犊牦牛弯曲菌病有防治效果。

十、牦牛嗜皮菌病

嗜皮菌病是由刚果嗜皮菌引起的一种人兽共患皮肤传染病。

（一）症状

各种年龄的牦牛均可发病，主要表现为口唇、头颈部、背部、胸部等皮肤出现豌豆大至蚕豆大的结节（图7-14）。发病后精神、食欲无显著变化，呈慢性经过，大多可自愈。

（二）防治

发现病牛隔离治疗，患部剪毛清洁后，涂擦5%灰黄霉素液体石蜡合剂或热硫黄石灰水，每天1次，一般7天可完全治愈。

图7-14　病牛皮肤出现大量疙瘩样结节

第二节　普通病

一、牦牛食道阻塞

食道阻塞又称"草噎"，是牦牛食道管腔突然被食物或异物所阻塞而造成的疾病，多因采食马铃薯、甘薯、萝卜等块根饲料以及苹果、梨或西瓜皮时，未经充分咀嚼，吞咽过急而发生。也有误咽毛巾、玻璃碎片、手帕、破布、毛线球、木片或胎衣等停滞在食道内而引起嗳气停止，继发急性瘤胃臌气，重者引起呼吸困难，窒息死亡。

（一）症状

牛咽部和颈部食道阻塞发生较多，其病的特征是咽下障碍、流涎、食物反流并继发瘤胃臌气。病前无任何异常症状，在采食中突然停止，恐惧不安，头颈伸展，张口伸舌，大量流涎，痛苦地从口中流出大量唾液，呈现吞咽动作，呼吸急促。小块饲料有时随食道收缩逆呕从口吐出或纳入胃内，经1~2小时乃至7~8小时康复。大块饲料或异物，经过2~3天，如未能排出，即引起食道壁组织坏死或麻痹，导致死亡。

（二）防治

因该病是由于饲料和异物阻塞食道而引起的疾病，所以平时注意饲喂是完全可以预防的。加强饲养管理，定时饲喂，防止饥饿；过于饥饿的牛应先喂草，后喂料，少喂勤添；饲喂块根、块茎饲料时，应切碎后再喂；豆饼、花生饼等饼粕类饲料，应经水泡制后，按量给予；堆放马铃薯、甘薯、萝卜、苹果、梨的地方，不能让牛通过或放牧，防止骤然采食。

1. 保守疗法

牛近咽部食道阻塞，可装上开口器，可用手或器械排出。颈部和胸部的食道阻塞，则应根据阻塞物的性状及其阻塞的程度，采取必要的措施。首先，缓解痉挛，润湿管腔，可肌内注射2%静松灵1~5毫升；另用植物油或液体石蜡100~200毫升；亦可用0.5%~1%普鲁卡因溶液10毫升，配合少许植物油或液体石蜡，灌入食道内，然后插入胃管使阻塞物缓缓地向胃内移动，多数病例可见效。经1~2小时，如不见效，应采取其他方法处理。

2. 挤压法

采食胡萝卜等块根、块茎饲料而阻塞于颈部食道时，将病牛横卧保定，用平板或砖垫在食管阻塞部位；然后以手掌抵于阻塞物下端，朝咽部方向挤压，将阻塞物挤压到口腔，即可排出。若为谷物与糠麸引起的颈部食管阻塞，病牛站立保定，用双手手指从左右两侧挤压阻塞物，将阻塞物压碎，促进阻塞物软化，使牛自行咽下。

3. 下送法

下送法，即将胃管插入食管内抵住阻塞物，徐徐地把阻塞物推入胃中。主要用于胸部食道阻塞和腹部食道阻塞。

4. 打气法

应用下送法不见效时，可先插入胃管，装上胶皮球，吸出食管内的唾液和食糜，灌入少量植物油或温水。将病牛保定好后，把打气管接在胃管上，颈部勒上绳子以防气体回流，然后适量打气，并趁势推动胃管，将阻塞物推入胃内。但不能打气过多和推送过猛，以免食道破裂。

5. 打水法

当阻塞物是颗粒状或粉状饲料时，可插入胃管，用清水反复泵吸或虹吸，以便把阻塞物溶化、洗出，或者将阻塞物冲下。

6. 灌油法

向食管内灌入植物油（或液体石蜡）100~200毫升，然后皮下注射3%盐酸毛果芸香碱3毫升，促进食道肌肉收缩和分泌，经3~4小时奏效。

对阻塞于食道内的金属物体、玻璃片等异物，不宜采用按摩推送或强行拉出的方法，只宜用外科手术方法除去异物，防止发生食道破裂。

二、牦牛瓣胃阻塞

该病俗称"百叶干"。因长期饲喂糠麸、粉渣、酒糟等含有泥沙的饲料或饲喂甘薯蔓、花生蔓、豆秸、青干草、紫云英等含坚韧粗纤维的饲料（特别是铡得过短后喂牛）而引起。另外，放牧转为舍饲或突然变换饲料，饲料中缺乏蛋白质、维生素以及微量元素，或者因饲养不正规，饲喂后缺乏饮水以及运动不足等都可引起瓣胃阻塞。

（一）症状

精神沉郁，食欲和反刍次数逐渐减少，鼻镜渐干燥，嗳气增加，乳产量降低，有前胃弛缓和瘤胃积食、臌气症状。该病一出现，排粪就减少，呈黏酱状、恶臭，后变干、便秘，粪如驼粪，最后几天不排粪。尿减少，呈深黄色，触摸瓣胃处时患病牦牛有痛感。随病程延长，眼结膜发绀，眼凹陷，四肢无力，全身肌肉震颤，卧地不起。严重时，体温升高，呼吸次数和脉搏增加，全身症状恶化，可迅速引起死亡。

（二）防治

避免长期应用混有泥沙的糠麸、糟粕饲料喂养，同时注意适当减少坚硬的粗纤维饲料；铡草喂牛，也不宜铡得过短；注意补充蛋白质与矿物质饲料；发生前胃弛缓时，应及早治疗，以防止发生瓣胃阻塞。

病情轻者，可服泻剂，如硫酸钠（400~500克）加碳酸氢钠50~150克或液体石蜡（或植物油）1 000~2 000毫升（盐类泻剂病初只能用一次，常用油类泻剂）。用10%氯化钠溶液300~500毫升，10%安钠咖注射液10~20毫升，30%安乃近30毫升，5%氯化钙100毫升静脉注射，注射士的宁（脾俞穴注射最好）或氯贝胆碱。

此外，可用10%硫酸钠溶液2 000~3 000毫升，液体石蜡（或甘油）300~500毫升，普鲁卡因2克，盐酸土霉素3~5克，一次性瓣胃内注入。防止脱水和自体中毒可用5%碳酸氢钠250~500毫升、糖盐水2 000毫升静脉注射，同时静脉滴注庆大霉素、丁胺卡那霉素等抗生素，缓和病情。

中兽医称瓣胃阻塞为"百叶干"，治以养阴润胃、清热通便为主。宜用藜芦润肠汤：藜芦、常山、二丑、川芎各60克，当归100~200克，水煎后加滑石90克，液体石蜡1 000毫升，蜂蜜250克，一次性内服。在治疗中，应加强护理，停止使役，充分饮水，给予青绿饲料，有利于牛恢复健康。

三、牦牛前胃弛缓

前胃弛缓是因饲养与管理不当而引起的一种疾病。精饲料喂量过多，突然食入过量的玉米青贮等，食入过量不易消化的粗饲料，误食塑料袋、化纤布，分娩后的母牛食入胎衣，日粮配合不当，矿物质和维生素缺乏等均可导致该病发生。

（一）症状

初期食欲下降，反刍缓慢或停止，只吃一些干草而不吃精料，厌食酸性饲料、精神沉郁，体温、脉搏和呼吸均无明显变化，全身反应不明显。病情加重时，精神沉郁，反刍停止，食欲废绝，嗳气有臭味，目光呆滞，步态缓慢。排出棕褐色水样黏稠粪便，具有恶臭味。病牛体温下降，呈现脱水状态。

慢性前胃弛缓时病牛食欲不定，有时减退或废绝；常常虚嚼、磨牙，发生异嗜，舔砖、吃土或采食被粪尿污染的褥草、污物；反刍不规则，短促、无力或停止；嗳气减少，嗳出的气体带臭味。病情弛张，时而好转，时而恶化，病牛日渐消瘦；被毛干枯、无光泽，皮肤干燥、弹性减退；精神不振，体质虚弱。有时腹泻，粪便呈糊状，腥臭。老牛病重时，呈现贫血与器官衰竭，常有死亡。

（二）防治

注意饲料的选择、保管，防止霉败变质；应依据日粮标准饲喂，要注意精、粗饲料中钙和磷等矿物质及维生素的比例，要保证有优质充足的干草，不可任意增加饲料用量或突然变更饲料。

立即停止饲喂发霉变质饲料和其他引发因素。病初绝食1~2天（但给予充足的清洁饮水），再饲喂适量的易消化的青草或优质干草。轻症病例可在1~2天自愈。较重者可用硫酸钠（或硫酸镁）200~350克，滑石粉500克，温水6 000~10 000毫升，一次性内服，或用液体石蜡1 000~3 000毫升、苦味酊20~30毫升，一次性内服。对于采食多量精饲料而症状又比较重的病牛，可采用洗胃的方法，排出瘤胃内容物；洗胃后应向瘤胃内接种纤毛虫。重症病例应先强心、补液，再洗胃。

除外，还可用"促反刍液"（10%葡萄糖500~1 000毫升，10%氯化钠注射液300~500毫升，5%氯化钙注射液200~300毫升，20%苯甲酸钠咖啡因注射液10毫升）或"新促反刍液"（去安钠咖，加30%安乃近30毫升）一次静脉注射；并肌内注射维生素B_1。

四、牦牛瘤胃积食

瘤胃积食又称急性瘤胃扩张，是牦牛贪食大量富含粗纤维的饲料（如豆秸、谷草、稻草等）及大量蛋白质饲料（如麸皮、棉籽饼、酒糟、豆渣等），缺乏饮水，难于消化所致。

（一）症状

常在饱食后数小时内发病，病牛不安，目光凝视，拱背站立，回顾腹部或后肢踢腹，间或不断起卧；食欲废绝、反刍停止、虚嚼、磨牙、呻吟、流涎、嗳气，有时作呕或呕吐。瘤胃蠕动音减弱或消失；触诊瘤胃，病牛不安，内容物坚实或黏硬（原发性的内容物与腹壁紧贴，继发性的虽有坚硬感，但内容物与腹壁间有空隙），有的病例呈粥状；腹部膨胀，瘤胃背囊有一层气体，穿刺时可排出少量气体和带有臭味的泡沫状液体。晚期病例，病情恶化、病牛眼球下陷，黏膜发绀、流涎、呻吟，呼吸紧张、浅、快，心跳快、弱，有的出现呕吐、卧地不起，甚至陷于昏迷状态。

（二）防治

加强饲养管理，防止突然变换饲料或过食；按日粮标准饲喂；不过度劳役；避免外界各种不良因素的影响和刺激。

一般病例，首先绝食，并进行瘤胃按摩，每次5~10分钟，每隔30分钟1次。也可先灌服酵母粉250~500克（或神曲400克，食母生200片，红糖200克）或滑石粉500克，再按摩瘤胃。在瘤胃内容物软化后，神曲、食母生用量减半，为防止过度发酵、产酸过多，可服用适量的人工盐。

较重者可用液体石蜡（或植物油）500~1 000毫升，食醋500毫升，蒜头200克，常温水6~10升，一次性内服。应用泻剂后，可皮下注射比赛可灵或新斯的明，以兴奋前胃神经，促进瘤胃内容物运转与排出。改善中枢神经系统调节功能，促进反刍，防止自体中毒，可静脉注射"促反刍液"或新促反刍液（见前胃弛缓）或5%碳酸氢钠250~500毫升，或先用1%温食盐水20~30升洗涤瘤胃后再用上药，静脉注射。对危重病例，牦牛体况尚好时，应及早施行瘤胃切开术（图7-15），取出内容物，并用1%温食盐水冲洗。必要时，接种健康牦牛瘤胃液。

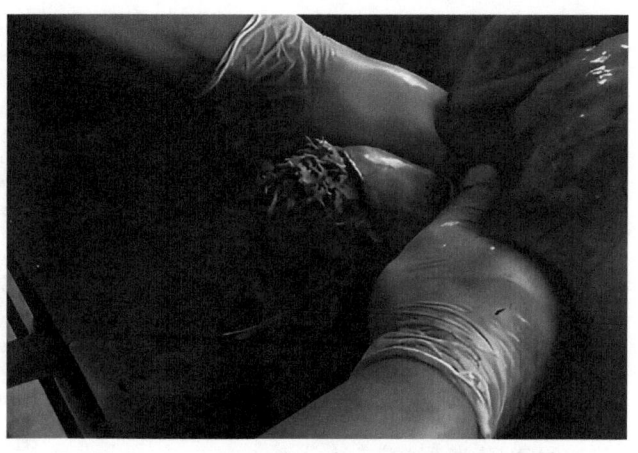

图7-15 对瘤胃积食的牦牛进行瘤胃切开术

五、牦牛瘤胃臌气

瘤胃臌气又称瘤胃臌胀，是饱食容易发酵的饲草、饲料，或采食新鲜的豌豆蔓叶、苕子蔓叶、花生蔓叶、苜蓿等豆科牧草，以及采食发热的青草，霉败饲草，经雨淋、水浸渍、霜冻的饲料，品质不良的青贮饲料等而引起的瘤胃臌胀。

（一）症状

病牛表现不安，时而躺下时而站起，后肢踢腹。而且嘴边沾有许多泡沫，表现出呼吸极度困难的状态。有发病后经过数分钟就死的，也有经过3~4小时不死亡的。虽然临床症状各有不同，但如果不及时治疗，病牛就会因呼吸困难窒息而死亡。

（二）防治

该病的预防要着重搞好饲养管理。由舍饲转为放牧时，最初几天在出牧前先喂一些干草后再出牧，并且还应限制放牧时间及采食量；在饲喂易发酵的青绿饲料时，应先饲喂干草，然后再饲喂青绿饲料；尽量少喂堆积发酵或被雨露浸湿的青草；管理好畜群，不让牛进入苜蓿地等暴食幼嫩多汁豆科植物；不到雨后或有露水、下霜的草地上放牧。

较轻者，牦牛立于斜坡上，保持前高后低姿势，不断牵引其舌或在木棒上涂煤油或菜油后给病牛衔在口内，同时按摩瘤胃，促进气体排出。若通过上述处理效果不显著时，可用菜籽油500~1 000毫升，食醋500毫升，大蒜头200克（捣散）加水灌服或者内服8%氧化镁溶液600~1 500毫升或生石灰水1 000~3 000毫升上清液，具有止酵消胀作用。滑石粉500克，丁香粉30克，加水灌服。

有窒息危险的病重牦牛，首先应实行胃管放气或用套管针穿刺放气（中间停顿慢慢放气），防止窒息（图7-16）。没有泡沫性臌气时，放气后为防止内容物发酵，宜用鱼石脂15～25克，酒精100毫升，常温水1 000毫升，一次性内服或从套管针内注入生石灰水或8%氧化镁溶液，或者稀盐酸10～30毫升，加水适量。此外，在放气后，用0.25%普鲁卡因溶液50～100毫升将200万～500万单位青霉素稀释，注入瘤

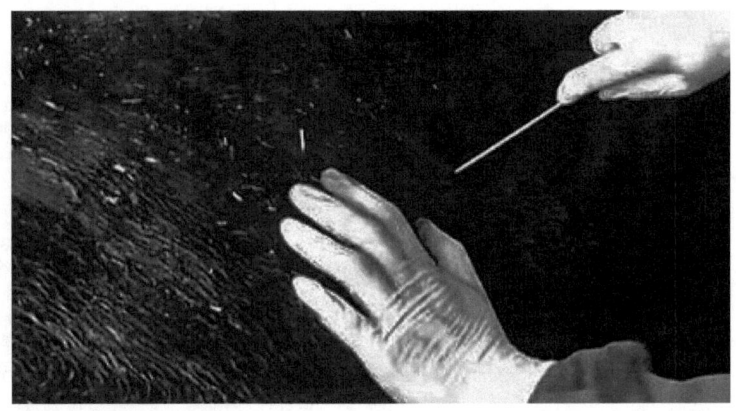

图7-16 用套管针穿刺放气

胃。有泡沫性膨气，以灭沫消胀为目的，宜内服表面活性药物，如二甲基硅油2～4克，消胀片（每片含二甲基硅油25毫克，氢氧化铝40毫克；牛100～150片/次）。也可用酒精150毫升，液体石蜡500～1 000毫升，常温水适量，一次性内服，或者用菜籽油（豆油、棉籽油、花生油）300～500毫升，温水500～1 000毫升制成油乳剂，一次性内服。民间用油脚或奶油灭沫消胀，或1千克菜籽油、500克食用醋灌服。当药物治疗效果不显著时，应立即施行瘤胃切开术，取出其内容物。

临床上对急性膨气严重病例（病牛左右摇摆，呼吸高度困难，张口吐舌，出汗时）来不及灌药打针，可用尖刀于左肷部插入排气，后再作缝合、清洗等外科处理。

六、创伤性网胃-腹膜炎

创伤性网胃-腹膜炎是由于碎铁丝、铁钉、钢笔尖、回形针、大头钉、缝针、发卡、废弃的小剪刀、指甲剪、铅笔刀和碎铁片等金属及玻璃等尖锐异物混杂在饲料内，被牦牛误食后进入网胃，导致网胃和腹膜损伤及炎症的一种疾病（图7-17、图7-18）。

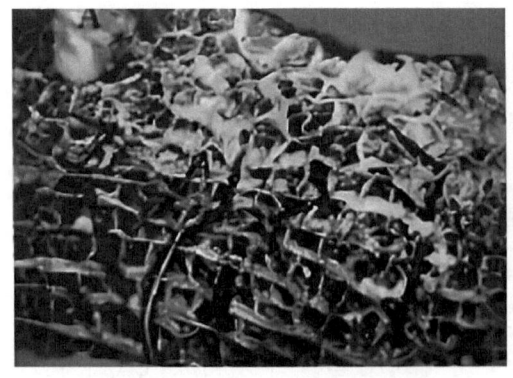 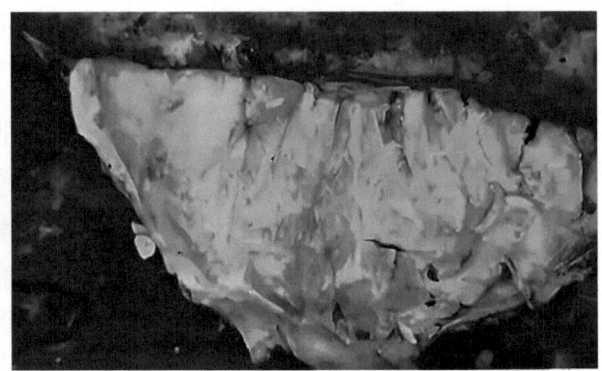

图7-17 尖锐异物刺伤网胃壁　　图7-18 牦牛创伤性网胃-腹膜炎

（一）症状

病牛食欲急剧减退或废绝；体温升高，但部分病例几天后降至常温，呼吸和心率正常或轻度加快；肘外展，不安，拱背站立，不愿移动，卧地、起立时极为谨慎；牵病牛行走时，不愿下坡、跨沟或急转弯。瘤胃蠕动减弱，轻度臌气，排粪减少；网胃区进行触摸，病牛疼痛不安。病牛不愿起立或走动，多数病牛在24~48小时进入休克状态。

（二）防治

在创伤性网胃腹膜炎多发地区或牛群，应预防性地给所有已达1岁的青年公牛和母牛投服磁铁笼或磁棒是目前预防该病的主要手段，购置磁铁笼时，应对磁铁笼进行检查，选择优质的磁铁笼；在大型奶牛场和肉牛场的饲料自动输送线或青贮塔卸料机上安装大块电磁板，以除去饲草中的金属异物；定期应用金属探测器检查牛群，并应用取铁器给牛去除金属异物。

治疗原则是及时摘除异物，抗菌消炎，加速创伤愈合，恢复胃肠功能。

该病初期为了降低网胃承受的压力，应让牛站立在前方较后方高出15~20厘米的斜面牛床上，同时肌内注射抗生素消炎，一般用青霉素400万单位与链霉素4克混合肌内注射。在临床治疗效果不理想时，应采用取铁术或瘤胃切开术，通过瘤胃的瘤网孔进入网胃探寻并取出金属异物，如无并发症，手术后再加强护理，治愈率在90%以上。对已经形成腹腔脏器粘连和脓肿的病例，应腹腔注入青霉素、链霉素、普鲁卡因或土霉素，但是治愈的希望不大。

七、胃肠炎

胃肠炎是胃肠壁表层和深层组织的重剧性炎症。原发性胃肠炎的病因：一是饲喂霉败饲料或不洁的饮水；二是采食了蓖麻、巴豆等有毒植物；三是误咽了酸、碱、砷、汞、铅、磷等有强烈刺激性或腐蚀性的化学物质；四是食入了尖锐的异物损伤胃肠黏膜后导致的胃肠炎。

（一）症状

1. 急性胃肠炎

病牛精神沉郁，食欲减退或废绝，口腔干燥，舌苔厚，口臭；嗳气、反刍减少或停止，鼻镜干燥。腹泻，粪便稀呈粥样或水样，腥臭，粪便中混有黏液（血液和脱落的黏膜组织），有的混有脓液。

2. 慢性胃肠炎

病牛精神不振，衰弱，食欲不定，时好时坏，挑食；异嗜，往往喜爱舔食砂土、墙壁和粪尿；便稀，或便秘与腹泻交替，并有轻微腹痛，肠音不整。体温、脉搏、呼吸常无明显改变。

（二）防治

做好饲养管理工作，不饲喂霉败饲料，不让牦牛采食有毒物质和有刺激、腐蚀的化学物质；防止各种应激因素的刺激；搞好牦牛的定期预防接种和驱虫工作。

1. 治疗原则

消除炎症，清理胃肠，预防脱水，维护心脏功能，解除中毒，增强机体抵抗力。

2. 抑菌消炎

牦牛可灌服0.1%高锰酸钾溶液2 000~3 000毫升，或者用磺胺脒30~40克，次硝酸铋20~30克，萨罗10~20克，常水适量，内服。也可内服诺氟沙星（10毫克/千克）或肌内注射庆大霉素（1 500~3 000单位/千克）或庆大-小诺霉素（1~2毫克/千克）、氯霉素（10~30毫克/千克）、环丙沙星（2.0~5毫克/千克），乙基环丙沙星（2.5~3.5毫克/千克）等抗菌药物。

八、牦牛创伤

（一）症状

牦牛角细长而尖锐，角斗致伤时有发生（图7-19），驮牛易受鞍伤，也有异物刺伤皮肤、蹄，摔伤也时有发生。有未感染的新创伤，也有因牦牛体表覆盖长毛未及时发现而感染的创伤，甚至出现化脓溃烂等。

图7-19 牦牛角斗

（二）防治

新创伤应先剪去其周围的被毛，用0.1%高锰酸钾液清洗创面，消毒后撒上消炎粉或青霉素粉，然后用消毒纱布或药棉盖住伤口。有出血时，撒上外用止血粉，裂口大者，消毒后应先缝合再包扎伤口。流血严重时，可肌内注射止血敏10~20毫升或维生素K_3 10~30毫升。

已感染的创伤，先用消毒纱布将伤口覆盖，剪去周围的被毛，用温肥皂水或来苏尔洗净创口周围，再用75%酒精或5%碘酊进行消毒。化脓创伤，应先排出脓汁，除去坏死组织，用0.1%高锰酸钾液或3%过氧化氢将创腔冲洗干净，再用生理盐水冲洗，用棉球擦干，撒上抗菌药物粉末或去腐生肌散，每天1~2次。

九、牦牛有毒牧草中毒症

在青草萌发或缺草时，牦牛误食有毒牧草（毒芹、飞燕草、棘豆草等）而中毒，特别是幼龄牦牛中毒较多。一般在采食毒草约1小时后出现中毒症状，轻者口吐白沫，食欲减退；重者行走摇摆，呼吸加快，起卧不安。治疗可用酸奶0.5千克或脱脂乳1千克、食醋0.25~0.5千克灌服。

十、牦牛子宫脱出

兽医临床较为常见，特别是用其他牛冻精配种，杂种胎儿体大，难以正常分娩，分娩或牵引胎儿时子宫连同胎衣脱出（图7-20）。子宫脱出常见于经产母牦牛和体弱母牦牛，病牛体弱常卧地，使脱出子宫拖地，被粪土、草屑等污染，子宫发生淤血，继而发炎或坏死。

治疗时，前高后低站立或侧卧保定病牛，掏尽病牛直肠内的积粪，以防恢复中排粪污染了子宫。先用生理盐水彻底冲洗脱出的子宫，剥离附着的胎衣，用5%盐酸普鲁卡因涂擦子宫内膜（以让病牛停止努责）；再用手小心推进，将脱出的子宫推回原位，灌注适量抗生素药液、药粉或药片；术后连续使用青霉素、链霉素等抗菌药物3天以上。若出现坏死，可采用子宫切

图7-20 牦牛产后子宫脱出

除手术治疗病牛。

十一、牦牛犊牛常见病

为了预防牦牛犊牛疾病，在饲养上要严格掌握以下几点。一是犊牛出生1小时内必须喂初乳，初乳量可稍大，连喂3~5天以便获得免疫抗体。二是坚持"四定""四看""二严"。"四定"是定温、定时、定量、定饲养员；"四看"是看食欲、看精神、看粪便、看天气变化；"二严"是严格消毒、严禁饲喂变质牛乳。三是要保持犊牛舍清洁、通风、干燥。

（一）犊牛胎粪滞留

牦牛犊牛出生后，吃足初乳一般在24小时内排出胎粪，如48小时内未排出，则为胎粪滞留。犊牛表现为不安，拱背努责，回头望腹，舌干口燥，结膜多呈黄色。在直肠内可掏出黑色浓稠或干结的粪便。可用温肥皂水灌肠、口服食用油或液体石蜡50~100毫克。

（二）犊牛脐炎

脐炎是犊牛出生后，脐带断端感染细菌而发炎。多为卧息时脐带被粪尿、污水浸渍而感染。脐带肿胀甚至流脓，严重时脐带坏死，体温升高。将脐带周围剪毛和消毒，涂5%碘酊与松馏油合剂。有脓肿或坏死时，清除坏死组织，用消毒液、过氧化氢消毒杀菌后撒上抗菌消炎药物粉末，再用绷带包扎。

（三）犊牛消化不良（腹泻）

犊牛消化不良（腹泻）又称犊牛胃肠卡他，多发生在出生后12~15日龄犊牛。主要是由母牛挤乳过多，犊牛吃初乳不足，饥饱不均，天气变化，卧息过久及受凉等引起。病犊牛以腹泻为主要特征，粪便呈粥状或水样，暗黄色，后期排出乳白色或灰白色的稀便，恶臭；病犊很快消瘦，严重者脱水。治疗用呋喃类和磺胺类药物，如脱水可静脉注射适量5%葡萄糖生理盐水。

（四）犊牛肺炎

由天气骤变、寒冷、潮湿，哺乳不足，犊牛体弱等引起。多发生于2月龄以上犊牛。主要表现为咳嗽，体温升高（40~41.5℃），喘气甚至呼吸困难，最后心力衰竭而死亡。治疗用青霉素或磺胺二甲基嘧啶。

（五）犊牛下痢

犊牛下痢在临床上分为中毒性下痢和单纯性下痢。牦牛出生后1周龄以内的犊牛出现下痢时，排出白色水样稀便，大多经2~3天即死亡。病初粪便呈水样，食欲减退或废绝，病情进一步发展出现鼻黏膜干燥，皮肤弹力下降、眼球凹陷等脱水症状。中毒性下痢多见于生后2~3周龄的犊牛，其传染力极强死，亡率也高。其特征是突然发病、精神沉郁、食欲废绝，体温升高至40℃左右。排混有黏液和血液的稀便，也有的引起脑炎出现神经症状，由于严重的脱水和衰弱，经过5~6天而死亡。对下痢脱水牛，用5%葡萄糖生理盐水500毫升，25%葡萄糖溶液100毫升，庆大霉素30万单位1次。对中毒性消化不良牦牛，用5%碳酸氢钠溶液100毫升，25%葡萄糖溶液100毫升，生理盐水300毫升（第一瓶），10%葡萄糖酸钙溶液10毫升，10%维生素C 10毫升，维生素B_6 100毫克，庆大霉素30万单位、10%葡萄糖溶液150毫升（第二瓶），每天1~2次，连续2~3天。伴有肺炎的牛，用氨苄青霉素80万单位，安痛定注射液10毫升，一次性肌内注射，每天2次；磺胺脒、碳酸氢钠各5.0克，灌服。下痢带血牛，氯霉素注射液0.75克，肌内注射，每天2次；磺胺脒、碳酸氢钠各4克灌服。维生素K_3 4毫升肌内注射，每天2次。犊牛下痢时，要减少或停止喂饲牛乳，应经口内服电解质溶液。

第三节　寄生虫病

一、牦牛肝片吸虫病

肝片吸虫病又称肝蛭，由吸虫纲片形科肝片吸虫（图7-21）寄生在肝脏胆管、胆囊内引起的一种寄生虫病。引起急性或慢性肝炎或胆囊炎，伴发全身性中毒和营养障碍，表现为腹泻、消瘦、胸下水肿等症状，常造成大批死亡。人偶有感染。

牦牛肝片吸虫病（图7-22）分布普遍，感染率为20%~50%，感染强度大（1~100条）。

牧民们知道沼泽低湿地带放牧牛、羊容易感染肝片吸虫病。因此，他们对利用沼泽地有丰富的经验。春季一般是半天利用沼泽

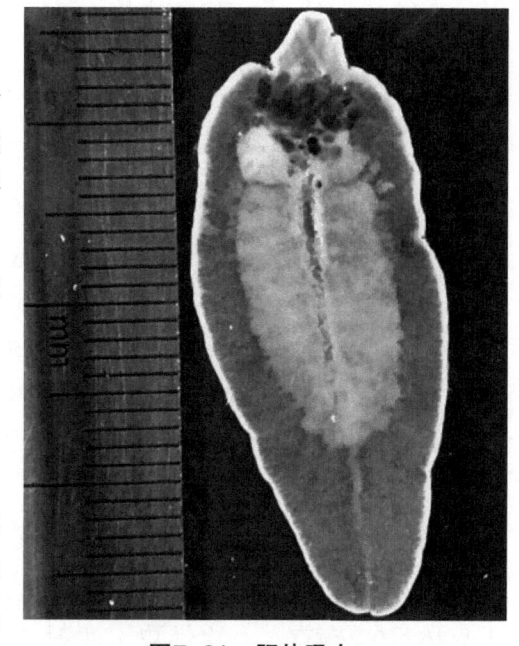

图7-21　肝片吸虫

地、半天利用干燥地放牧；暴雨后不利用沼泽地放牧；每年冬季轮换烧沼泽地，以消灭肝片吸虫的中间宿主——锥实螺。

病牛用丙硫苯咪唑、蛭得净、肝蛭净等药物进行治疗性驱虫。预防性驱虫应在每年12月至翌年1月进行。

二、牦牛棘球蚴病

牦牛棘球蚴病又称牦牛包虫病，是由某些绦虫的中绦期囊体——棘球蚴寄生肝、肺等脏器引起的一种人兽共患的寄生虫病，对人和牦牛都有严重危害。该病在我国牧区分布广泛，在四川感染率达88.84%，其感染强度从数个至十数个不等。

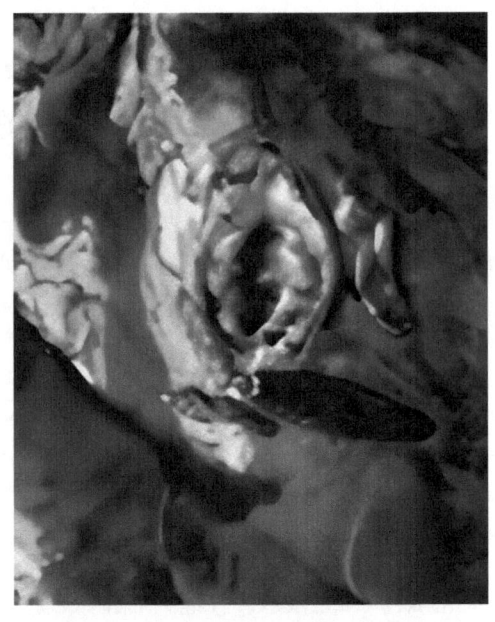

图7-22 寄生在牦牛器官中肝片吸虫

病牛随肝、肺内棘球蚴（图7-23）的长大，出现消瘦、反刍无力、臌气，有的出现黄疸或喘气、咳嗽，严重者因乏弱、窒息而死亡。

由于棘球蚴寄生在肝、肺深处，临床诊断、治疗受很多条件限制，主要的防治措施是对犬驱虫，加强牛、羊的屠宰管理，对寄生棘球蚴的肝、肺进行深埋或焚烧处理，严禁喂犬。

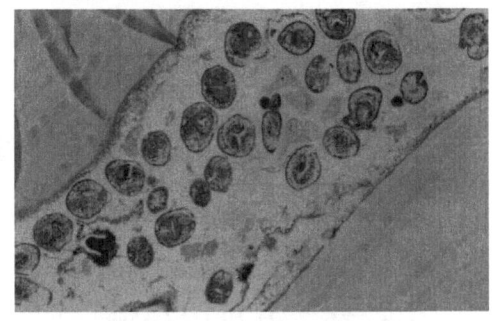

图7-23 棘球蚴切片HE染色

三、牦牛的肺丝虫病

牦牛的肺丝虫病主要由圆形亚目网尾科网尾属的胎生网尾线虫寄生的气管和支气管引起，主要危害牦牛犊牛，病牛主要症状为咳嗽、气喘或呼吸困难、流黄色脓性鼻液、食欲减退、消瘦或贫血。多在冬季死亡（图7-24）。

流行区在冷季前可普遍驱虫，感染犊牛可随时驱虫。用四咪唑每千克体重5毫克、左旋咪唑每千克体重6毫克和丙硫苯咪唑每千克体重30毫克，均为一次性口服。以及伊维菌素每千克体重0.2毫克，一次性皮下注射，均有良好的预防和治疗效果。

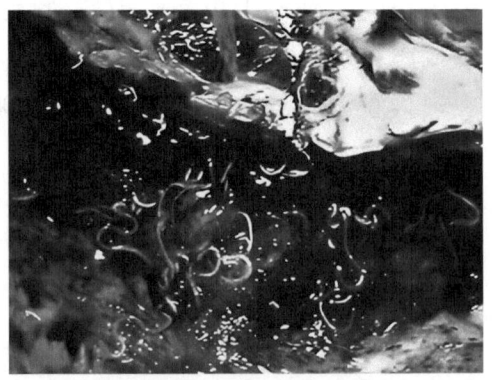

图7-24 线虫寄生于肺

四、牦牛胃肠道线虫病

牦牛胃肠道线虫病，在我国牦牛分布地区广泛存在，且多为混合性感染，是牦牛群中严重的寄生虫病之一（图7-25）。感染牦牛因寄生线虫吸血，引起贫血、眼结膜苍白、消瘦、消化紊乱，以及腹泻、下颌间隙水肿，被毛粗乱，严重者致死。

在冬春季对牦牛驱虫，有良好的预防冷季乏弱的效果。用国产5%磷酸左旋咪唑注射液每千克体重4~6毫克的剂量皮下注射，丙硫苯咪唑按每千克体重30毫克的剂量一次性口服，对牦牛捻转血矛线虫、仰口线虫、结节虫、毛首线虫的驱虫率为100%。

图7-25 寄生在胃肠道内的线虫

五、牦牛球虫病

球虫病是由孢子虫纲艾美耳球虫科（图7-26）中的多种寄生性球虫引起。对牛、兔的危害较严重，特别是幼龄动物。该病广泛分布，尤其潮湿地区往往呈地方性流行及大批死亡。

该病用磺胺甲氧嗪和青蒿制剂治疗有效。氯苯胍每天每千克体重10~20毫克，早晚内服，疗效达95.06%。

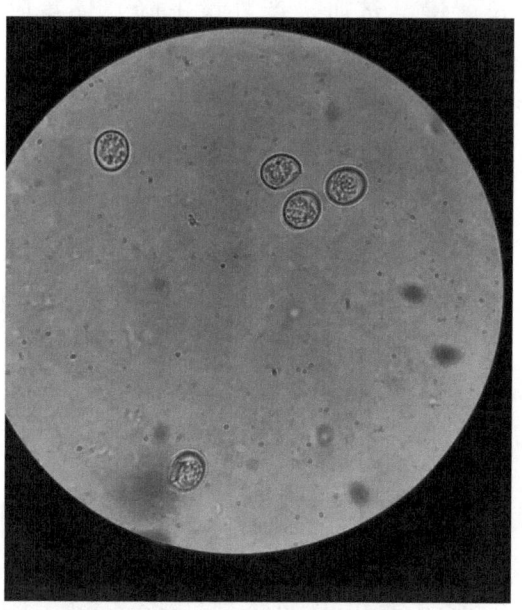

图7-26 显微镜下的牛艾美耳球虫孢子化卵囊

六、牦牛牛皮蝇蛆病

牛皮蝇蛆病是危害较严重的一种蝇蛆病，在牦牛、犏牛中流行极为普遍（图7-27），青海、甘肃个别地区曾发现有人感染牛皮蝇幼虫，并引起严重病症的报道。

用伊维菌素按每50千克体重皮下注射1毫升，以倍硫磷原液按每100千克体重

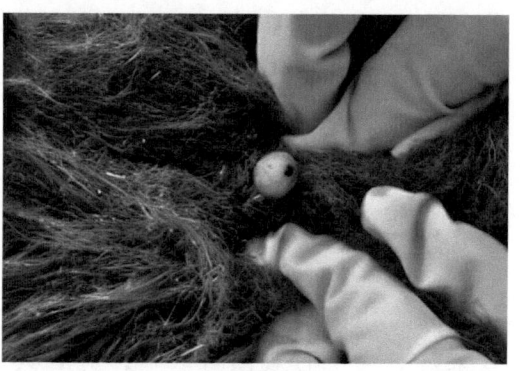

图7-27 牛皮蝇蛆附着在牦牛皮毛处

0.5~0.6毫升剂量肌内注射和倍硫磷微型胶囊按每100千克体重7~9毫克皮下包埋的效果为好，杀虫率均为100%。

七、牦牛的外寄生虫

牦牛的外寄生虫，主要有腭虱、毛虱、蠕形蚤（图7-28）、蜱等。主要寄生在体表被毛稀少的部位，颈部、胸背部、肩胛部、臀部，一般全身都可见到。牦牛感染外寄生虫表现为躁动不安，影响采食或卧息反刍，致生长缓慢、贫血、产乳量下降、体重降低，甚至死亡。

牦牛感染外寄生虫后，首先对棚圈、用具等进行消毒杀虫，并用敌百虫、蝇青灵、螨净、羊癣灵、倍硫磷等涂擦患部或喷洒、药淋及药浴可获得良好的效果。也可用伊维菌素按每50千克体重皮下注射1毫升，可驱杀所有的体表寄生虫，且安全可靠。

图7-28 从牦牛身上取下的蠕形蚤

八、牦牛脑棘球蚴病

牦牛脑棘球蚴病，又称牦牛脑包虫病，是由寄生于犬、狼、狐等体内的多头绦虫的幼虫——多头蚴（图7-29）寄生于牦牛脑部而引起，故又称牦牛多头蚴病。由于寄生于脑的部位不同，病牛的表现不同，主要症状有食欲减少、呆立、垂头直行、侧转圈、反应迟钝、角膜混浊等。随着虫体增大转圈半径变小，后期病区头部变软。

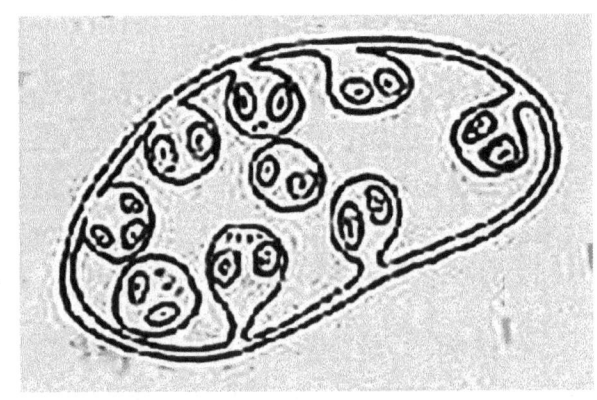

图7-29 多头蚴简化示意

预防和治疗该病可用吡喹酮，每千克体重口服30毫克。患病后期用手术摘除效果好。为了有效预防该病，应对其病原的最终宿主——犬进行定期驱虫（每年4次），深埋或焚烧犬粪，限制犬活动范围等。

参考文献

阿索，2017. 玉树牦牛群的放牧管理要点[J]. 中国畜牧兽医文摘（9）：95.
巴桑旺堆，2018. 牦牛规模化养殖技术[J]. 草学（4）：83-86.
鲍宇红，曲广鹏，冯柯，等，2015. 提高西藏牧区牦牛养殖效益的主要措施[J]. 中国牛业科学（3）：70-72.
曹立耘，2015. 牦牛饲养及管理技术[J]. 农村实用技术（9）：43-45.
郭文场，张嘉保，陈树宁，2014. 中国牦牛品种（类群）的遗传资源、生态特性、繁殖、饲牧管理与利用（2）[J]. 特种经济动植物（4）：5-8.
李小玲，2021. 牦牛常见病病因及防治对策[J]. 畜牧兽医科技信息（10）：98.
柳清，2017. 青海牦牛牛病毒性腹泻病毒的血清学调查[J]. 当代畜禽养殖业（3）：10-11.
洛桑，2016. 牦牛高效养殖关键技术研究[J]. 农业开发与装备（12）：196.
切德力，2018. 牦牛养殖技术要点分析[J]. 畜牧兽医科技信息（9）：68-69.
妥生智，保善科，华着，2016. 牦牛高效养殖关键技术研究[J]. 黑龙江畜牧兽医（3）：204-208.
吴国涛，2015. 牦牛高效繁殖技术[J]. 畜禽业（2）：32-33.
张元成，2023. 牦牛传染性角膜结膜炎的防治[J]. 上海畜牧兽医通讯（3）：56-57.
赵光前，2004. 如何提高牦牛群繁殖力[J]. 四川畜牧兽医（7）：52.